U0133705

茶人手记

张为国◎著

西北大学出版社·西安·

图书在版编目（CIP）数据

茶人手记 / 张为国著. —西安 ： 西北大学出版社，
2023.11

ISBN 978-7-5604-5248-7

Ⅰ．①茶… Ⅱ．①张… Ⅲ．①茶文化—中国 Ⅳ.
①TS971.21

中国国家版本馆 CIP 数据核字（2023）第 215359 号

茶 人 手 记

CHA REN SHOU JI

张为国◎著

西北大学出版社出版发行

（西北大学校内 邮编：710069 电话：029-88302589）

http://nwupress.nwu.edu.cn E-mail: xdpress@nwu.edu.cn

全国新华书店经销 陕西龙山海天艺术印务有限公司印刷

开本：787 毫米×1092 毫米 1/16 印张：13

2023 年 11 月第 1 版 2023 年 11 月第 1 次印刷

字数：185 千字

ISBN 978-7-5604-5248-7 定价：88.00 元

如有印装质量问题，请与本社联系调换，电话 029-88302966。

陕西有好茶

我喜欢吃茶，是身体的需要，也是精神的需要。茶能洗掉身体里的病气，让身体保持健康的状态；茶也能洗涤心里头的浊气，让人保持心地宁静和清明。沏一杯茶，看杯盏上薄雾轻腾，杯中茶叶舒展，就像看到了初春嫩叶在枝头绽放。再轻啜一口清澈的茶汤，霎时便唇齿留香。

陕西有好茶，名"汉中仙毫"，产在大巴山的高山顶上。古代宫廷贡茶有"山南道，剑南道，淮南道"，"山南道"正是指陕西的巴山区域。相当长一段时间里，陕茶衰微，国人一时对陕茶一无所知。

东裕的张为国先生拿来他亲手炮制的东裕汉中仙毫，泡上一杯，颜色鲜活，茶香四溢，回味悠长，竟然比我之前喝过的名茶都要略胜一筹。为国先生在大巴山里潜心种茶20余年，看来确实深谙制茶之道，东裕的汉中仙毫，别有一番滋味。

"怎样？"

"竹笋状、嫩绿色、兰花香，有鲜、活、香、甜的特征。"

"这是山顶上种的，云雾里长的。"

他还继续说单宁、维他命、茶多酚之类，对茶叶的内含物质如数家珍。

为国先生还拿来厚厚的一沓书稿，取名为《茶人手记》。看完书稿，我明白了他的心思：他熟知现代都市人的生活，想用一杯淡茶，从浮躁的生活里，为都市人开辟一方沙漠绿洲。他不只懂制茶，也深谙闲寂之道。他在书里说，茶味至简。我极赞同：无味而至味。

茶道本是如此。人生本是如此。

是为序。

李 启元

2023 年 3 月 28 日

序 二

天地有大美而不言

我此生注定将会遇到一些重要的人，遇到一些重要的事。于我来说，这本书的作者就是我遇到的重要人物之一，而他为社会提供的"东"牌汉中仙毫，就是我遇到的重要事情之一。与人相遇，与茶相遇，既是缘分，亦是福分呀。

我无法想象，假如没有这一杯茶，我的后半生将会多么寂寞清苦，百无聊赖，无所依傍。每天早晨，从睁开眼睛那一刻起，到晚上睡觉合上眼睛那一刻止，我的手上大部分时间都会捧着一个茶杯。茶之与我，已经不仅仅是一种生理需要了。

我年轻的时候，在一家地方报纸做副刊编辑。我的前面坐着一个陕南人，他教会了我喝茶；我后面坐着一个陕北人，他教会了我抽烟。从此以后，大半辈子了，烟不离手，茶不离口。我一天得三包烟，有朋友说了，幸亏有茶来化解，你才没有被这烟给呛死。

这本书的作者名叫张为国，汉中人，他所经营的企业当是眼下陕西最大的茶企之一，说他传统，他经营的却是陕西省的高新技术企业，一个国家级农业产业化重点龙头企业。为国在汉中地面有三处大的茶园，两处在西乡，一处在勉县。我两度到他西乡枣园湖畔的那个茶园去过。茶园近旁有个山头，山的轮廓很美。我对为国说，在那山头立一块石头吧，我给写上几个字，叫"倦鸟归巢"。一只鸟儿在空中飞累了，在这茶园里歇息一下翅膀。

在陕西东裕生物科技股份有限公司新三板上市启动仪式上，我说："茶从栽培，到采摘，到制作销售，有个周期性，过去的那种一边滚动一边发展的传统小农业模式，显然已经不适应时代了，得有大投入才行。"在西乡茶园，我说："什么时候，你们公司能够带动西乡的老百姓，汉中的老百姓因为种茶而富裕起来，那才是大成功。"我还建议说，有一句有名的古话，叫"临洮易马，汉中换茶"，如果你们能将汉中的茶、安康的茶，取一个总名称，叫"易马茶"，那说不定会做成一个类似普洱茶那样的大品牌的。

为国好像是专门为茶而生的。他来到我的工作室，站在那里，静如处子，叫我想起静静的茶树，而一旦他张口说话，顿时是满屋茶香。他是如此儒雅，安静，颇有古君子之风，我说，这都是茶带给他的呀！茶的知识，茶的典故，茶的渊源及流变，他装满了一肚子。而这本书，仅是他泄露给世界、报告给社会、奉献给读者的一部分茶文化的余唾而已。

茶的起源大约和我们这个民族一样古老。神农氏尝百草，日中七十二毒，药不能医，得荼而解之，这个"荼"就是茶。神农氏采茶的地方在哪里呢？史籍上说是在首阳山，而炎帝故里，宝鸡那个地方的人说，终南山第一高峰太白山，它的左边，就叫首阳山呀！

张为国先生说，三个陕西人，对中国的茶文化的起源、发展、推广起到了重要的作用。第一个就是前面提到的神农氏；第二个呢，则是居住在汉中盆地的巴人，是巴人部落首先开始了茶树的栽培；而第三个呢，则是鼎鼎大名的他们汉中老张家的那个张骞。朝廷命官张骞西行时，拜过祖祠，尔后从家门口的茶树上采些叶子，打进行囊，从而踏上漫漫征途。他踩出的这条路，后世叫丝绸之路，亦叫陶瓷之路，亦叫茶叶之路（或叫茶马古道）。

如是说来，茶叶这个神奇的东方树叶，伴随中国人的行程，已经有迢迢五千年岁月之久吧！在历史上，一定有许多张为国这样的茶人，亦有我这样的贪饮者，人所具有的我都具有，将心比心，是这样吧！那真是一股长长的茶文化构成的洪流呀！我们都是受茶恩泽的人，或者换言之，是被茶诱惑和俘获的人。

上一杯茶，咱们悟道。原来呀，道文化就在茶中。上一杯茶，咱们参禅。原来呀，禅文化亦在茶中。上一杯茶，咱们通儒。原来呀，儒文化也在茶中。

天地有大美而不言，世间有茗茶我先尝。不好意思，文章写到这里，我得搁笔，我要去饮茶了。

2023 年 5 月 8 日
于西安公园北岸高看一眼工作室

目　录

绪　言

北纬 33 度是个神奇的纬度，在这个纬度上，诞生了四大文明古国，走出了伏羲、神农、鬼谷子、张骞……这些推动历史前进的人物。

北纬 33 度，还出产了汉中仙毫、信阳毛尖、六安瓜片、太平猴魁、黄山毛峰……这些享有盛名的茶叶。

20 年前，怀着对古代茶道大师们的倾慕，怀着对这片毫无污染的纯净土地的向往，我带着一群人走进了北纬 33 度汉中的大巴山中，买下 1000 亩的四荒地，把我们的茶园开辟出来，在这里种茶、炒茶、饮茶。我们试图打破一切人为的阻隔，把大自然与人的完整联系，保留在这一枚枚小小的叶片中，再把它们带回我们忙碌生活的都市。在都市满目的水泥森林中，我们端起小小的茶杯，仿佛能够聆听到高山中、云雾间林泉岑寂的回声。

在匆忙的都市生活中，当我们满是疲惫焦渴地在一方茶桌旁驻足，我们把一切生活琐事、功名利禄、烦心的事全部放下。不需要任何排场，甚至无须宾主，一罐，一壶，一杯，斟茶，饮茶，安静地聆听茶水的轻响，如此简淡，便足以慰藉我们在忙碌焦虑中惶惶不安的心灵。不过，如此简淡的茶席背后，蕴藏着深刻的奥义：辽阔又极有情味的人生，的确可以从品茶的简淡之境中悟出。日益激烈的社会竞争使人处在一味奔竞之途中，茶室大可在此发挥一种缓冲作用：茶之简淡正可让人在奔竞的人生途中另辟出一种淡然之境。否则，既无喘息之机，更无反省之思，如何成就真正有意味的人生？忙碌敷衍的人生，从来无暇探索痛苦的根由、生命的实相，人生常须暂停驻足，回首观望，放下日夜奔竞的心思。日本草庵茶室入口的设计，大概就是此意，极小的入口，刻意把品茶的世界和日常名利奔竞的世界分隔开。在中国的生命哲学中，非淡泊无以明志，无简淡之境，则无法到达高远的生命境界。

所以，陆羽说："茶之……为饮，最宜精行俭德之人。"茶的真意在一个"俭"字。简淡，这是茶道大师们从大自然之中得到的真谛。

对于凡俗的我们来说，茶道是修养身心最简单直接的途径；对于修行人来说，茶是修道的助力。茶道是一种"俭""简"或者"减"的修行，回归"至朴"就是回归"至道"。在真正的茶道中，删繁就简，茶、道、心是"一"，无论我们用"至朴""空寂"还是"无何有"来诠释它，都是向生命之源的回归。在本书中，我贯穿始终的主旨就是，真正的茶道在于发扬"简""和""寂"的精神。

很多时候，在茶山独自享受百无聊赖的时光，看书、品茶、发呆、晒太阳，远离都市，倦鸟归巢，保持清醒与闲适，也许只有在这样的状态下，才能偶尔沉思，才有可能在刹那间，窥见茶道的真意。

张为国

记于东裕生态茶园

茶之源

至朴的时光

　　茶道是一种"俭""简"或者"减"的修行，回归"至朴"就是回归"至道"。在真正的茶道中，删繁就简，茶、道、心是"一"，无论我们用"至朴""空寂"还是"无何有"来诠释它，都是向生命之源的回归。

● 幽林禅堂，茶人如隐　陈团结/摄

神农的发现

我们从茶最初与人的内心连接起来的时代开始探索茶道。

每一部茶人传奇，开篇即奉神农，这是为什么？理由似乎很简单，中国古代经典有记载。在"茶圣"陆羽所著的世界上第一部茶学专著《茶经》中，陆羽说："茶之为饮，发乎神农氏……"说的是，茶作为一种饮料被人类所用，从神农开始。历代茶文化研究者，一般均以此为据，证实茶与人类的第一次亲密接触，是从距今5000多年前上古时期的神农时代开始的。作为一个上古时期的传说人物，我第一次看到他的形象，是当年在中国茶叶博物馆"茶史厅"的展陈中。这个不知出于何年何人之手的木刻版神农像，中老年男性，浓眉大眼，须发厚重，身披兽皮草毡，谢顶，头上生有两角，人说此为牛角，这亦是神农被传为牛首人身的形象写照。仔细看，这位神农没有门牙，双手各执植物枝叶，并以右手将枝叶送入嘴中。后人传说，神农正在咀嚼的正是茶叶。中国茶叶博物馆将此像上墙，作为茶史开端的人类第一人。

那么，神农究竟是个什么样的人呢？陆羽在《茶经·七之事》中开篇便说："三皇：炎帝神农氏。"神农也被人称为炎帝，炎黄子孙的"炎"指的就是"炎帝"，想来这个"炎"字是和火与光芒分不开的。因此，在中国的上古传说中，神农亦被视为太阳神。传说，距今6000—5500年前，神农出生于姜水之岸，也就是今天陕西的宝鸡市境内。传说他姓姜，这可是一个高贵的姓氏。和一切神话人物一样，神农的出生与童年便与众不同，传说他母亲名叫女登，是女娲的女儿，有一次外出游玩看到巨大的石龙，激动万分，感兴成孕，竟然就生下了神农。那么神农就是造人的女娲的外孙，女娲也就成了神

● 江苏徐州苗山汉墓出土，原为墓室之前室门西石刻

农的外婆了。神农的父亲又是谁呢？《纲鉴易知录·三皇纪》中说："少典之君娶有蟜氏女，曰安登，少典妃感神龙而生炎帝。"这位少典，是原始社会时期有熊部落的首领，后人又称有熊部落为有熊国，少典便被称作有熊国国君。传说他娶了两姐妹，妹妹生了黄帝，姐姐女登怀孕，生了炎帝，取名榆冈。三天能言，五天能走，七天长全牙齿，三岁便知种庄稼知识。按说他是个神童，应该少年得志才对，但据说因为他相貌长得很丑，牛首人身，脾气又暴，少典不大喜爱，就把母子俩养在秦岭北麓大散关的姜水河畔，所以，炎帝长大后就以姜为姓。神农既然有这样的出身，自然便也就处处与众不同。成年后他身高八尺七寸，龙颜大唇，成为传说中的上古部族领袖，因以火德而成为王，亦被称为炎帝，是中华文明历史长河中农耕和医药的发明者。

在神农的时代，百姓以采食野生瓜果，生吃动物蚌蛤为生，腥臊恶臭伤腹胃，经常有人受毒害得病死亡，寿命很短。神农氏炎帝为"宣药疗疾"，使百姓益寿延年，他跋山涉水于秦岭主峰一带，尝遍百草，了解百草之药性。为百姓找寻治病解毒良药，他几乎嚼尝过秦岭主峰太白山、首阳山、终南山一带的所有植物，正是在尝百草的过程中，神农发现了茶，传说他"尝百草，日遇七十二毒，得荼而解"之。"荼"即为茶。神农在尝百草的过程中，识别了百草，发现了茶可以作为中药，具有攻毒祛病、养生保健作用。由此令民不复有疾病，故先民封他为"药神"。

在神农的故乡秦岭主峰一带，有素称"中华药材宝库"的秦岭主峰太白山、首阳山。神农正是在秦岭中采药，也发现了有养生治病功效的"茶"。

首阳山是陕西秦岭北坡著名高峰，海拔 2719.8 米，位于周至县九峰乡耿峪和鄠邑区甘峪交界处。史载，商周交兵时，商朝上大夫伯夷、叔齐阻拦周武王大军未果，遂南行入山隐居，采薇而食，义不食周粟。每天清晨迎来第一束朝阳，叹曰："奇哉美哉首阳山。"首阳山因此得名。伯夷、叔齐在首阳山死后，儒家尊二人为圣贤，道家尊二人为大太白神和二太白神。

● 首阳山 谢伟/摄

"药医之，药不能医，茶醉之"

高建群是西部文学重要的作家之一，我在与他的一次闲聊中，他提起茶说："药医之，药不能医，茶醉之。"茶亦饮亦药的品格，让大作家说出来，竟然也充满浪漫的韵味，让我这个痴于茶者钦羡不已。

确实，茶叶界一直有药草同源、茶为百药之药之说。远古的神农把茶作为药用，具有质朴的科学洞见。茶能生津保健，《黄帝内经·灵枢篇》曰："水谷入于口，输于肠胃，其液别为五。"水是人的生命之源，谷是人的生津之道。水、谷来自大自然，与动植物共生于宇宙，同受宇宙养育。水、茶共举。

● 分茶　张为国/摄

茶叶用水沏泡汲取内质，人们以茶水解渴获取茶叶内营养元素，构成人体丰厚的生津之液，获得足够的滋养源泉。茶叶富含的微量元素不仅利于生津，而且能增强人体免疫力。

神农氏以茶解毒，表明人与茶之间最初建立的是药用关系，人与茶的第一次亲密接触，是以茶对人类的拯救和维护人类生存繁衍的方式开始的。魏、晋、南北朝前，茶叶主要作为药用。唐代伊始，社会经济空前繁荣，文人墨客辈出，促进人们的饮食观念逐渐变化，人们将目光投向了茶。唐朝陆羽对茶推崇备至，现代人对茶也评价极高。原本不习惯饮茶的西方发达国家权威人士称茶是"美妙、幸福与健康的妙药"。许多国家将茶列为饮品中的极品，茶叶在世界各地取得了牢不可破的地位。

● 清茶入杯一瞬间　陈团结/摄

至朴的时代

传说中的神农时代，是一个至朴的时代，最接近自然和心的本源的时代。这个时代发现的茶，也许暗示着茶道的一个本质特征：茶道无论分化出多少种花样，都离不开这个至朴至真的源头，最本初的，就是最终极的。这个时代也许就是庄子在《马蹄》篇中描述的他心中的理想时代：

> 故至德之世，其行填填，其视颠颠。当是时也，山无蹊隧，泽无舟梁；万物群生，连属其乡；禽兽成群，草木遂长。是故禽兽可系羁而游，鸟鹊之巢可攀援而窥。

在大德昌盛的时代，人们做事缓慢持重，眼神也都比较专一，不怎么东张西望。那时候，山岭上没有栈路也没有隧道，水面上没有船只也没有桥梁；万物共生，比邻而居；鸟兽成群，草木也是自由自在，茁壮生长。所以，想牵上什么鸟兽一起游玩也就一起游玩，想攀援到哪里去看鸟鹊之窝，也很方便。在这样的至德之世，人和鸟兽混居，与万物共存，何从区分什么君子与小人呢？

远古的这种无为的生命状态，是一种真实且幸福的生命状态，只是在浮躁、过度消费的今天，对我们来说似乎已经是一个遥远的梦想。

也许只有茶人把这样一种生命状态默默深藏于小小的一枚茶叶之中吧。一枚小小的叶片，穿越千百年的时光，自始至终以一种纯自然的状态，成为人与至朴自然相联系的一座最佳桥梁。纯粹的茶道把人的一切理性、欲望和情感都收敛起来，把加于茶叶一切人为的东西都摒弃在外，保持其纯净、原

至朴的时代，是最接近自然和
心的本源的时代　陈团结/摄

初的至朴。隐于山间的茶道大师张源在《茶录》中说："造时精，藏时燥，泡时洁。精、燥、洁，茶道尽矣。"日本茶道宗师千利休致力于保持茶道的这种纯净，有人问他茶道的秘诀是什么，他说："冬天喝茶让人感到温暖，夏天喝茶让人感到如清风徐徐，水要烧开，茶要可口。茶道摒弃了人为的一切浮华和繁杂的东西。"我想，无论世事如何变化，茶道在一切时代都应保持最初的至朴和纯净。

茶与道

因而，我们还是愿意把目光投向世界深处、内心深处或者时光深处，无论是其中的哪一种途径，我们遇到的都是"道"。茶道之道，即是与此"道"相称的"道"。

我们不禁追问，茶道中所修到底何道？尽管孔子也说："朝闻道，夕死可矣。"但在"道"的视野中，我们首先遇到的必然是道家的"道"，或者说，老子的"道"。老子在《道德经》第一章中描述说：

> 道可道，非常道；名可名，非常名。无名天地之始；有名万物之母。故常无，欲以观其妙；常有，欲以观其徼。此两者同出而异名，同谓之玄。玄之又玄，众妙之门。

"道"是可以用言语来表述的，它并非一般的"道"；"名"也是可以说明的，它并非普通的"名"。"无"可以用来表述天地混沌未开之际的状况；而"有"，则是宇宙万物产生之本原的命名。因此，要常从"无"中去观察领悟"道"的奥妙；要常从"有"中去观察体会"道"的端倪。这两者，来源相同而名称相异，都可以称之为玄妙、深远。它不是一般的玄妙、深奥，而是玄妙又玄妙、深远又深远，是宇宙天地万物之奥妙的总门（从"有名"的奥妙到达无形的奥妙，"道"是洞悉一切奥妙变化的门径）。老子对世界之本原的确切看法难以把握，不过我们还是能模糊领悟到"道"的一些端倪：天有天根，物有物蒂，人有本源，天下没有无根之事物。万物之根在何处？盖在将开未开、将动未动的静态之中。人与万物未生之时，渺茫而无象。既育之后，

● 秦岭，雪地坐禅　陈团结/摄

则生生不息，终有灭时。唯有生未生时的虚清状态，才是万物之本。老子说道"玄之又玄"，"玄"即是深远，玄之又玄存在于比"至朴时代"或"至德之世"更为悠远的时光中，在"玄"的时代，是连阴阳都尚未分化的"混沌"，是更为纯粹的"朴"。

从终极的意义上说，茶道是品茶而悟道，是一个修行过程，这个修行过程所得到的结果，和通过"致虚守静"或"心斋坐忘"或通过"戒、定、慧"而得道的结果是一样的。在日本的茶道中，每一个茶道大师同时也是一个禅宗大师，他们都以"茶"为契机而成为一个真正的得道者。得道者是什么样的？

老子描述说：古时候善于践行"道"的知识分子，精微玄妙，深远通达，让一般人无法理解他们。正因为无法理解他们，所以只能勉强对他们进行描绘：小心谨慎啊就像冬天蹚水过河，警觉踌躇啊就像怕遭恶邻围攻，恭敬庄重有如到别人家里做客，宁静自然就像冰雪即将融化，淳厚诚实就像未经加工的木头，豁达开朗有如空旷的山谷一般，包容异己让人感觉不那么纯净。

可以看到，在老子那里，无名至朴是得道者的一个基本特征。我把对"朴""简""和"（和光同尘）的追寻，定位为茶道哲学的基调。

● 冰雪覆盖的茶园　张为国/摄

茶文明的开端：《华阳国志·巴志》

　　一切文化都是"至朴"消散的结果，老子把这个过程描述为由"道"向"礼"跌落的过程：失道而后德，失德而后仁，失仁而后义，失义而后礼。由神农氏而周公的次序，即是由"道"向"礼"演变的次序。对圣贤们来说，这是不得不退而求其次的选择。

　　陆羽《茶经·六之饮》当中的那句话："茶之为饮，发乎神农氏，闻于鲁周公。"后来有人将"闻于鲁周公"五个字发展演绎，鲁周公被诠释为历史上第一位弘扬茶文化、引导茶消费的人物。周公旦辅政成王，系统地建立了被后世孔子一生梦想的有秩序的礼乐社会。

　　历史上评价周公旦，说到他的功德，大致有那么四条：一是辅助武王得天下，二是代理成王治天下，三是参与了制定周礼，四是从无野心。孔夫子本身就是个圣人，而他最为佩服的圣人，便是周公旦。有一次他感慨地说："甚矣吾衰也！久矣吾不复梦见周公。"意思是说：看样子我真的要完了，我都那么长时间没有梦见周公了。"中国历史中，在教育上有"周孔之教"的概念，因为周公旦曾经制礼作乐，建立典章制度，被尊为儒学奠基人。有人甚至这样评价：如果说孔子是中国古代教育的伟大奠基人，那么周公则是中国古代教育的伟大开创者。周公和孔子在他们那样一个时代，用仁和礼把人的心规范起来，让一切重归和谐，虽然这已不是最初至朴的圆满和谐。

　　史书从无记载，说周公旦与茶有什么关系，但陆羽将周公旦视为传播茶叶文明的第一人，也不是没有道理。其实，恰恰是《茶经》中没有选录的一条史料，可以作为陆羽这一推断的重要佐证。周公助武王灭商，史称武王伐纣。而正是周公辅助武王的这一重要历史时期，中国史书上第一次正式记录了茶事活动。晋代大学者常璩在其史学著作《华阳国志·巴志》中记载道："周武王伐纣，实得巴蜀之师，著乎《尚书》，……土植五谷，牲具六畜。桑、蚕、麻、纻、鱼、盐、铜、铁、丹、漆、茶、蜜……皆纳贡之。"从中我们可以得知，以上八个小国部落给周武王的贡品列单中包括了茶。

同样是《华阳国志·巴志》，常璩在这张贡单之后，还特别加注了一笔："武王既克殷，以其宗姬于巴，爵之以子……其果实之珍者，树有荔支，蔓有辛蒟，园有芳蒻、香茗……"这个"香茗"，不正是茶吗？这一条说明，西周之初，巴人所上贡的茶，已然不再是深山野岭中的野茶，而是专门人工栽培的茶了。

大概也就是在这个时代，古巴国人把茶叶制作成"形似月亮，紧压成团"名曰"西乡月团"的贡茶样式，作为土特产敬献给周天子。这恐怕也是有历史记载的出产在汉中的最早的贡茶了。

● 西周三公 陈团结/摄

● 茶票　陈团结/摄

上贡于西周王朝的茶究竟作何用，尚值探讨。传说中同样被视为周公旦著作的儒家经典《周礼》，也提到了茶。《周礼·地官司徒》中说："掌荼，下士二人，府一人，史一人，徒二十人。"此中之"荼"即茶。24个人掌茶，为什么呢？其后又述："掌荼，掌以时聚荼，以共丧事。"茶在这里乃是举行国丧时的祭品。若从商末周初人工栽培茶园算来，人类栽培茶树距今已有三千多年。人类为何种植茶树？"园有芳蒪、香茗"的园，会不会就是一个药圃？以茶为药，以药入贡，以贡祭祀，不失为一种合理推测。祭祀这样重大的礼仪活动，周公旦是不可能不参加的，制定礼仪规则，更是他对中华古文明的贡献。因此，如果确实在祭祀中使用了茶，那么，周公旦应该是一个决定性的人物。

不过，文明向来就并不一定意味着好的、善的东西，也许同时意味着偏离、矫饰、不真、浮华，向"礼"的方向发展，是茶无可奈何的命运之一；在宋朝兴盛的斗茶，虽然与"礼"的方向并不相同，但对"道"的偏离却是共同的。而现代在我国兴盛的所谓"茶艺"，与纯游艺性质的"斗茶"一样，都是"道"中的一点夹杂着沉渣的泡沫。

茶和世界：茶叶走向世界

出生于秦岭峰下的张骞，带着汉中的茶出使西域，不仅打开了丝绸之路，也打开了"丝茶之路"。从那之后，茶开始从中国走向遥远的西方，茶开始走进世界人民的视野。

汉朝的时候，汉武帝要派使者到西域去结交各国，加强往来。出生在汉中的年轻侍从张骞主动报名承担这项使命。张骞明知到西域的路途十分艰险，可为国探险立功的壮志鼓舞他带着100多人上了路。路上，他被敌视汉朝的匈奴人扣押，后来逃脱，又挨饿受冻，终于到达了西域。

张骞先后到了大宛、康居、大月氏、大夏等国（在现在的哈萨克斯坦、塔吉克斯坦、乌兹别克斯坦、阿富汗境内），见到了国王，表示了汉朝愿与他

● 丝路风景，黑水城遗址　陈团结/摄

● 丝路风景，驼队 陈团结/摄

● 丝路风景，嘉峪关长城　陈团结/摄

们友好来往的愿望。这些国家的人见到汉朝使者十分高兴。几年以后，张骞再次出使西域。他还派出许多副使到身毒、安息（在现在的印度、伊朗一带）等国，和那里的人民建立了联系。这样，汉朝和西域各国开始了友好往来，特别是经济文化的交流越来越多。中国的先进技术、丝绸、茶等作物栽培法等都传到了西域；西域的葡萄、苜蓿、胡桃和音乐舞蹈也传到了中国。在东西方之间，出现了一条商路，人们叫它"丝绸之路"。来往的使者和商人络绎不绝，热闹非凡。

单从"丝绸之路"本身字义解读，就是把丝、绸、绫、缎、绢等丝织品与亚欧各国进行互通有无的商贸大道。实则不然，在整个贸易通道上，诸如中国瓷器、茶叶、草药等其他商品数量同样可观，丝织品只是中国的代表性商品而已。其他像茶叶商品或茶文化传播之路也可作为丝绸之路的另一种称呼，如"瓷器之路""茶叶之路""粮食之路"等，可以断定，有着五千年茶文化历史的中国，丝绸之路上必然有茶叶之路的存在，这是毋庸置疑的。

直到 16 世纪茶在英国贵族之间红极一时，中国的茶一直在对外贸易中占据着极为重要的一席之地。当英国的绅士们惬意地端起一杯英式红茶，享受着悠闲、高贵、浪漫的感觉时，他们可曾想到眼前这杯味道浓郁、颜色深沉的深红液体，源自遥远的中国。

● 丝路风景，运送物资的马帮　陈团结/摄

陆羽与皎然：茶和道的连接

茶与道的连接，与茶叶走向世界一样，经历了一个漫长的过程。直到唐代，茶与道才走到了一起，出现"茶道"的提法。

从《茶经》的影响及陆羽的历史作用看，陆羽无疑是古今茶业第一人。陆羽《茶经》奠定了中国茶学的基础，具有百代开创之功，他对茶叶的来源，种植、加工，茶之水、茶之具、茶之饮等技术层面上都有开创性的研究，在茶的艺之道、技之道方面陆羽是独创性的开创者，也是饮之道方面的集大成者。陆羽在饮茶修道方面也作出了独到的贡献，他提出"茶之为饮，最宜精行俭德之人"，把饮茶活动人格化、道格化、精神化……并且他自己还树立"精行俭德"的榜样，这其实已经从表象的层次，把精于茶道者与得道者联系起来。但是，从《茶经》的内容综合来看，陆羽属于茶艺派或茶技派"茶道"，肯定不是"茶道"的创始人。

"茶道"的始祖应该说是陆羽的朋友皎然，他第一次实质性地把饮茶与修道连接起来。皎然在技之道、饮之道方面也是顶尖高手，可以说与陆羽不相上下（只可惜皎然的《茶诀》失传，仅存茶诗，又由于身在佛门其对后人的影响力不及陆羽）。但从现存的反映皎然茶道的茶诗看，由于两人不同的经历、不同的知识结构与努力方向，皎然在"饮茶修道，饮茶即道"方面表现得更加杰出，是他首次把"饮茶之道，饮茶修道，饮茶即道"完整地、系统地通过茶诗阐述出来，而且向全世界第一次公开打出了"茶道"的概念与定义，在世界茶道史上更具创世之功。由此我认为中国茶道皇冠上的第一颗明珠应属皎然，是皎然真正开启了中华茶道之先河，是皎然把佛家的禅定般若的顿悟、道家的羽化修炼、儒家的礼法等有机结合融入了"茶道"，特别是其佛道方面的造诣使其饮茶修道、饮茶即道方面远远走在时代的前列……要知道公元805年日本最澄和尚从中国引入茶种及茶文化，后来用了近800年时间去感悟才形成了日本相对成熟的茶道。因此，凭此一点皎然作为"茶道之祖""茶道之父"当之无愧。

皎然嗜茶、恋茶、崇茶，一生与茶结伴，在历代诗僧中他写的茶诗最多，其中最著名的《饮茶歌诮崔石使君》，诗中描写了饮茶的三个层次："一饮涤昏寐，情思朗爽满天地。再饮清我神，忽如飞雨洒轻尘。三饮便得道，何须苦心破烦恼。"其第三层次就是饮茶的最高层次，即品茶悟道，达此境界一切烦恼苦愁自然烟消云散，心中毫无芥蒂。该诗的最后两句是"孰知茶道全尔真，唯有丹丘得如此"。意思是世上有谁能真正全面地了解茶道的真谛呢？看来只有仙人丹丘才能做到这一点。这是茶文化史上首次出现的"茶道"概念，其内涵与诗中的"三饮便得道"相呼应，也与现代对"茶道"的界定较为接近，在中国乃至世界茶道发展史上都具有重大意义。

● 品茶悟道　李丽/摄

茶道流派

　　纵观中国古代茶学史，出现了众多的茶书，其书名有《茶经》《茶述》《茶谱》《茶录》《茶论》《茶说》《茶考》《茶话》《茶疏》《茶解》《茶萦》《茶集》《茶乘》《茶谭》《茶笺》等，但就是没有一本叫《茶道》，也没有一本茶书中有专门谈论"茶道"的章节。在中国人的视野里，茶可雅可俗，包罗万象，兼容并收，达官贵人、市井小民、禅僧道士、文人墨客，无不在茶之中寻求身心的安适，也都把自己所钟情的一类饮法称之为"茶道"。

　　在中国没有日本那样严格传承的茶道流派，我们只是根据品茶时不同的精神追求，划分一个大概的类别：

● 茶人寄情山水　　邱映华/摄

　　贵族茶道：生发于"茶之品"，旨在夸示富贵。达官贵人、富商大贾、豪门乡绅于茶、水、火、器无不借权力和金钱求其极，追求"精茶、真水、活火、妙器"，其用心在于炫耀权力和富有。

　　雅士茶道：生发于"茶之韵"，旨在艺术欣赏。对于饮茶，古代的知识分子所追求的，主要不是止渴、消食、提神，而在乎导引人之精神步入超凡脱俗的境界，于闲情逸致的品茗中有所体悟。茶人之意在乎山水之间，在

● 茶人醉心于茶道 李丽/摄

乎风月之间，在乎诗文之间，希望有所发现、有所寄托、有所忘怀，在文人"茶道"中，道的影子若隐若现。

禅宗茶道：生发于"茶之德"，旨在参禅悟道。僧人种茶、制茶、饮茶并研制名茶，为中国茶叶生产的发展、茶学的发展、茶道的形成，立下不世之功劳。僧人们讲"禅茶一味"，修行的目的在于得道，而他们往往能在"茶"中发现悟道的契机。

世俗茶道：生发于"茶之味"，旨在享乐人生。对中国的老百姓来说，茶已是俗物，日行之必需。客来煎茶，联络感情；家人共饮，同享天伦之乐。茶中有温馨。茶道进入家庭贵在随意随心，茶不必精，量家之有；水不必贵，以法为上；器不必妙，宜茶为佳。

茶混迹于芸芸众生中，"道"作为仰望之物却从不曾销声匿迹，反而在和光同尘的氛围中显得更加本真，不失其自然本色。

本来无一物

真正把茶中"道"的精神发挥到极致的，却是日本人。

日本的茶道源自中国，但日本茶道在"道"的路途上迈出一大步。无论是武野绍鸥、千利休或者宗旦，他们把月光聚焦在具有终极性的"空寂"上。在亦禅亦茶的僧人看来，"空寂"正是真正的"道"。

日本茶道的集大成者千利休，消除了茶道的娱乐性，使茶道的精神世界一举摆脱了物质因素的束缚。他将茶道归结在禅宗"本来无一物"的观念里，以此为核心，形成一个完整的文化体系：空寂之"道"为核心，"清、静、和、寂"的茶道观念为理念，茶室、茶食、茶事、茶人、茶具等为茶道实现的具体途径。在日本茶道经典《南方录》里记载了千利休这样一段话："草庵茶的第一要事为：以佛法修行得道。追求豪华住宅、美味珍馐是俗世之举。家以不漏

● 香韵袅袅　陈团结/摄

● 茶室挂件　陈团结/摄

雨，饭以不饿为足，此佛之教诲，茶道之本意。"他还说："须知茶道之本不过是烧水点茶。夏天如何使茶室凉爽，冬天如何使茶室暖和，炭要放得利于烧水，茶要点得可口，这就是茶道的秘诀。"他以茶道为契机领悟禅宗"本来无一物""无一物中无尽藏"的意境，崇尚简朴、素淡、枯槁的美学思想，平等、互敬、恬淡的道德观念，独坐观念的自省精神。他的这种追求不仅代表了日本文化的特点，对当今世界来说，也具有相当的普遍性。

日本所谓茶道，是一种修炼精神、调整身心的仪式，通过一系列饮茶的仪式，使人的精神恢复平静和清明，可见茶道与日常生活中的品茗已经没有多少关系。新渡户稻造这样论述茶道："道的要义在于内心平静，感情明彻，举止安详，这些无疑是正确的思想和正确的情感的首要条件。""茶道是超越礼法的东西——它是一种艺术，它是以有节奏的动作为韵律的诗，它是思想修养的实践方式。"

　　茶室为日本人在日常生活之外提供了另一种时空。这里禁止戴手表，也没有钟，估计时间全凭主人的第六感觉；这里不许谈论金钱、女色、生意，不许议论是非，话题限于艺术、自然；这里没有过去，没有未来，只有现在。在对苦涩的茶味的品尝中，对朴实无华的茶碗的欣赏中，人们返璞归真，同化于自然。

● 焚香　陈团结/摄

寻找中国茶道

人们每言茶道必说日本，茶道不仅已经成为日本的国粹，而且还得到了国际社会的普遍认可，以至于人们在介绍或谈及日本时，茶道常常是与花道、剑道、武士道这些富有日本民族特色的文化相提并论的。日本茶道从村田珠光（1422—1502）开山，经武野绍鸥（1502—1555）的发展到千利休（1522—1592）的集大成，至今已有 500 多年的历史，并且日臻成熟，茶道已然烙上了日本独树一帜的审美意识与特征。

对此，或许会有人反驳道：茶道分明是中国的，怎么成了日本人的呢？诚然，茶道起源于中国，这是个不争的事实，日本人也不否认。日本茶文化学者仓泽行洋曾言："日本茶道文化以中国为母。"同时，我们又不得不承认，日本是个善于学习且深谙机变的民族，他们将源于中国的茶道与禅宗思想加以本土化改造，融入本民族的文化特色，并且衣钵相承，代代流传。

反观中国，虽是日本茶道的祖庭，但是千年来，茶的饮用方式经历煮茶法、点茶法再到泡茶法的嬗变，却没有发展形成一种稳定的形式，并且"道"这个字在中国人的心目中是形而上的，是无形的，是难以界说与定义的。而像日本茶道那样颇为繁复的仪范，古人将其视为"技"或"艺"，是不能称之为"道"的，尽管有"技近乎道"之说，却仅仅只是"近乎"而已。当代中国，关于茶道的诠释更是众说纷纭，茶道的具体表现形式亦无范式可循。然而，还是有不少茶人、学者对中国茶道模糊或是式微的现状心怀忧虑：茶道在中国真的迷失了？当然，忧心忡忡之余，茶人、学者们也在思考着另一个问题：中国茶道的出路何在？是通过日本茶道反哺重拾？还是重新建构？

● 中国茶道渊远流长，发展中等待复兴 陈团结/摄

中国茶道之说争议已久，中国茶道没有一个明确清晰的定位，进而中国茶道越来越少被人提及，取而代之的是博大精深的中国茶文化。当然，茶文化与茶道还是有区分的。茶文化涵盖面更广，包括了中国源远流长的茶史、种茶制茶的技艺、风靡已久的饮茶之风。如今，在中国的茶庄或茶馆里，最常见的便是待客所用的简易功夫茶冲泡手法，或是一段流于表面的茶艺表演，这些都不能称为茶道。相对于日本繁复而精细的茶道而言，中国似乎没有茶道的规程仪式，更多人愿意把中国式的泡茶功夫称为茶艺。

不过在我看来，当一个真正的茶人，开始对悟道有追求的时候，中国的茶道传统就真正地恢复起来了。

● 斟茶　徐小龙/摄

茶之园

洁净的修心庄园

　　茶在世间的根本意义在于，它抛弃一切人为的幕幛，以一种直接、契合的方式把人心和自然连接起来，在这种连接中，人类一切欲望和机心都是破坏这种纯净自然的污垢。我们这些茶人致力于把这种连接保持得尽量完整。

● 东裕西乡枣园生态茶园　赵田/摄

茶文化的场域

茶被远古的中国人从众多的植物群落中拈出来，最终与文化的顶级追求"道"联系起来，首先在于它与人的天然联系。"道法自然"，老子的箴言在茶道中得到最贴切的诠释。

不过，茶叶的生长却不像"道"那样无处不在，"周遍咸三者，异名同实"。

茶树生长的区域，往往就是最适宜人居的区域，这是否暗示茶对自然之道与人心的某种固化的连接？除中国这一茶叶主产区外，目前世界上还有 50 多个国家生产茶叶，最北可达北纬 49 度，最南可达南纬 33 度。世界茶区在地理上的分布，多集中在亚热带和热带地区，可分为东亚、东南亚、南亚、西亚、欧洲、东非和南美 7 区。

东亚茶区的主产国有中国和日本，中国的茶业产量居世界第一位，日本居第四位。日本茶区主要分布在九州、四国和本州东南部，包括静冈、琦玉、宫崎、鹿儿岛、京都、三重、茨城、奈良、九州、高知等县（府），其中静冈县产量最高，占日本全国总产量的 45%。

我们茶园所在的汉中市，在北纬 33.03 度，在中国茶区，几乎是最靠北的产茶区了。我们知道，从地球的北纬 30 度到 33 度，可以称得上是地球上最神奇的纬度了。美国的密西西比河、埃及的尼罗河、伊拉克的幼发拉底河、中国的长江等，均在北纬 30 度入海。地球上最高的珠穆朗玛峰和最深的西太平洋马里亚纳海沟，也在北纬 30 度附近。沿地球北纬 30 度线前行，眼前既有许多奇妙的自然景观，又存在着许多令人难解的神秘现象。在这一纬度线上，奇观胜景比比皆是，自然谜团频频发生，如中国的钱塘江大潮、安徽的

● 东裕西乡五里坝高山有机茶园　贾胜勇/摄

黄山、江西的庐山、四川的峨眉山、巴比伦的"空中花园"、约旦的"死海"、古埃及的金字塔及狮身人面像、北非撒哈拉大沙漠的"火神火种"壁画、加勒比海的百慕大群岛和远古玛雅文明遗址……一位学者甚至把北纬33度称作地球黄金龙脉线，而秦岭正是这条龙脉线的中脉。无论如何，在这个神奇的纬度上出现了神奇的自然现象，并且诞生了影响人类文明的伟人和伟大文化

确实是不争的事实。

　　而在这个纬度上，出产的名优茶叶不胜枚举：西乡月团、汉中仙毫、紫阳毛尖、信阳毛尖、祁红、六安瓜片、黄山毛峰、太平猴魁……也是在这个纬度上，神农氏发现了茶，汉中的张骞在他开辟的丝绸之路上，让茶叶开始走向世界。

　　20年前，我们无意之中把根基一头扎在这个神奇的纬度上，可谓是冥冥之中自有天意。20年后，我们仍然苦心经营着大巴山中和牧马河畔的这两片茶园，也算是我们安于天命之举吧。2021年，在汉中的首个国际茶日的活动中，中国农业科学院茶叶研究所原副所长鲁成银指出：在大巴山一带的汉中西乡五里坝，镇巴观音、巴庙，安康的紫阳是全世界出产高品质名优绿茶的理想之地。其产品具有高香、高鲜、高甜、低苦、低涩、婴儿肥的特质。

● 东裕西乡五里坝高山有机茶园　　贾胜勇/摄

高山云雾出好茶

茶的本性，根植于茶所生长的深山丛林、乱石、溪涧之间。

与茶的本源之性相联系，茶人喜欢喝的茶，必来自原始的深山丛林中。出自深山丛林中的茶自然与茶人的心意想通，远离尘嚣的纷扰，在清静山间吸收天地之精华。云雾缭绕的山脉、葱郁蔓生的植被，清新宜人的空气孕育着好茶。

自古高山出名茶，山中所产的高山茶芽叶柔软，叶肉厚实，香气馥郁，滋味醇厚，能随冲泡程序的变化产生显著不同，茶韵也会呈现出不同的层次变化，茶汤或清透或浓郁，茶味或淡香或馥郁。宋徽宗赵佶是一个茶饮的爱好者，他认为茶的芬芳品味，能使人闲和宁静、趣味无穷："至若茶之为物，擅瓯闽之秀气，钟山川之灵禀，祛襟涤滞，致清导和，则非庸人孺子可得知矣。冲澹闲洁，韵高致静……"

陆羽《茶经》谈道："其地，上者生烂石，中者生砾壤，下者生黄土。"土壤的石砾较多，通透性好，而且有机质和各种矿物质营养元素和各种微量元素一应俱全，能使茶树生长得健壮。茶树生长要求是气候湿润，雨量充沛，多云雾、少日照。温度决定着茶树酶的活性，进而又影响到茶叶营养物质的转化和积累，不同气温条件下的茶叶原料，即鲜叶中的茶多酚、儿茶素、氨基酸等茶叶品质营养成分的含量也不一样。

古往今来，我国的历代贡茶，传统名茶，直至当代新创制的名茶、优质茶等，大多出自高山。更有许多名茶，干脆以高山云雾命名，如浙江华顶云雾、江西庐山云雾、江苏花果山云雾、湖南南岳云雾等。在高山茶园，由于

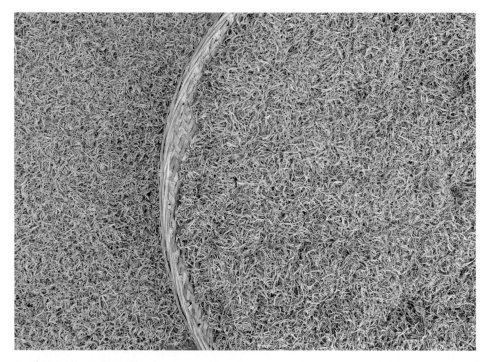

● 待炒之茶　陈团结/摄

昼夜温差较大，云雾弥漫，雨量充沛，有利于鲜叶中含氮化合物和芳香物质的形成，令茶树纤维合成速度缓慢，鲜叶的持嫩性增强，这是制作优质茶叶的基础，但也给采茶带来了困难。

所以，在南纬33度至北纬49度之间的大山中，名茶、好茶层出不穷。

山中隐士

生于深山幽谷中的茶通常被人们认为具有幽远、清冷的品格，是名副其实的"山中隐士"。

茶人在亲入深山，与僧道谈诗论道的闲适中寻找自己的精神家园。有山必有僧，有僧必有茶。陆羽在《茶经·一之源》中总结饮茶的文化身份说，"为饮，最宜精行俭德之人"，《周易》有"君子以俭德辟难，不可荣以禄"。这里所谓的"俭德"指"以节俭为德"。虽不是直指隐逸，却与山林隐逸有着同样的价值取向。如果进一步看"不可荣华其身，以居禄位"，不追求荣华富贵是隐逸的一个基本价值观，因此三国吴虞翻直接把它解释为遁隐山林："巽为入伏，乾为远，艮为山。体遁象，谓辟难远遁入山，故'不可荣以禄'"。由此可见，陆羽似乎也把茶视为最适合隐士的饮料，把饮茶的文化身份定位为隐逸。

具有清野、隐逸特质的茶因与山原、僧道特殊关系的存在，而受到诗人、文人们的青睐。茶人高傲于尘俗世外的心与茶树孑然独立之姿，香茗的清冷野逸互为映衬。才高者通过茶诗来表现隐逸情怀，在茶诗的写作体会中使自己疲累的心得到暂时的休憩和满足。

尤其从中唐开始，饮茶生活体现孤寂脱俗精神的意义已经得到更加普遍的认同，并以这种精神形象进入了诗的世界。隐逸成为唐代饮茶的文化身份，隐士成为决定唐代茶文化发展方向的核心力量，不仅"茶圣"陆羽，被后世视为"亚圣"的卢仝也同样是隐士。如吕岩《大理寺茶诗》中有："幽丛自落溪岩外，不肯移根入上都。"吕岩就是吕洞宾，唐末人。在宋朝初年与山林隐

● 秦岭雪后，三只喜鹊　陈团结/摄

士陈抟相交，后来成为传说中的八仙之一。《唐才子传》说他："更值巢贼，浩然发栖隐之志，携家归终南，自放迹江湖。"

　　山茶在山溪石岩的自由世界里生长，本是茶的自然属性，但在诗人眼中却具有不同寻常的象征意义。不肯移根入上都，此处作者用移情手法，使山茶具有了诗人自己的情感志向。其实不肯入上都的，不是茶，而是诗人自己。诗人是将内心向往泉林的心理倾向与茶之自然属性相联结，以示其志。

　　韦应物《喜园中茶生》：

　　　　洁性不可污，为饮涤尘烦。此物信灵味，本自出山原。
　　　　聊因理郡余，率尔植荒园。喜随众草长，得与幽人言。

　　在诗人看来，茶是高洁之物，饮茶可驱逐尘世怨烦。出于对茶的喜爱，在自己的园子里种上本出山原的茶树，即使是在尘俗世界里，也能为自己保存一份纯洁不污的自留地；有茶在身边，仿佛自己就身处山原之中，不会为世俗所染。对茶的崇尚，表现出韦应物对淳朴山原生活的羡慕和洁身自好的思想。诗人是要从茶树带来的自然、高洁、宁静中获取一种独特的具有个性化的审美情趣。因此文人种茶、品茶、咏茶，不仅使茶从单纯的自然物象中抽离出人文色彩，而且更着重突显着茶的味外之味。在世俗生活中，天生具有浪漫超俗情感的诗人，因其独有的心灵负累而显得格外孤独和疲惫。于是他们更容易和更愿意亲入深山，采撷野茶，陶醉在远离城市喧嚣的生活中。

其实，对我们现代人来说，小小的一片茶叶，承载的何尝不是一遂我们藏于心底隐逸之愿的林泉之地？

在都市满目水泥森林的生命荒漠中，小小的茶杯开辟出一片绿洲，让我们能聆听到高山中云雾间林泉岑寂的回声。在匆忙的都市生活中，当我们满是疲惫焦渴地在一方茶桌旁暂停驻足，我们可以把一切生活琐事、功名利禄，操心、烦心的事全部放下。

一壶、一杯、一方之地，斟茶、饮茶，安静地聆听茶水的轻响，如此简淡，便足以慰藉我们在忙碌焦虑中惶惶不安的心灵。

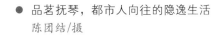

● 品茗抚琴，都市人向往的隐逸生活
　陈团结/摄

山中何所有，岭上多白云
陈团结/摄

做一名大巴山的茶农

做一名茶人，是一件幸福的事。

2001 年，我突然萌生了一种需要休息的想法。2001 年秋，我像冬眠一样，开始整整蛰居了一年时间。到了 2002 年，我跑到汉中的大巴山中，一口气买下 1000 亩的"四荒地"，第二次踏上了拓荒的征程。

后来《中华合作时报》的一篇散文说："东裕茶园在巴山深处的五里坝，山高、水秀、林野苍翠，是一片曾经近乎荒蛮的世界，犹如人心灵深处宁静、不为世俗功利所动的领地。……东裕人从都市西安走进大巴山，甘愿做与山

● 丝路风景，新疆塔什库尔干　　陈团结/摄

● 丝路风景，新疆雅丹余晖　陈团结/摄

为伴、与天为伴的茶农，我们细品一叶香茗，细品其中所凝聚的天、地、山、水之精气，我们期望，或许会在刹那间领悟儒家子思在《中庸》中所呈现的太平和合之境。"

当时的心绪远没有文章里面说的那么苍茫。我那蛰伏的一年，其实只是在悄悄研究陕西茶产业的情况：陕西不仅产茶叶，而且产的是绝好茶叶。

汉唐时期，陕西汉中、安康一代的紫阳、西乡、镇巴出产的"山南茶"，曾是皇室宫廷的"贡茶"，誉满长安，培育了中国今天的"国饮"文明。

"汉茶"出产于古代巴蜀茶区的北缘，即今天的陕西汉中境内。而汉中所产茶叶在西周已经作为贡品向周天子纳贡。秦汉两代实现了全国的大一统后，汉中茶叶开始向外传播。公元前119年、73年汉中人张骞和汉朝大将军班超出使西域，将汉茶带到西域各国。

唐代汉茶发展进入全盛时期，宋代汉中作为茶马互市交换地，专门设有茶马司和收茶市场，茶叶贸易兴隆。

明清时期，由于"榷茶饮税"两制并用，"汉茶"逐渐衰落。

● 丝路风景，张掖丹霞地貌中的骆驼客　陈团结/摄

中华人民共和国成立后，汉中茶叶进入史无前例的大发展时期。作为古"巴蜀茶"重要组成部分和"汉茶"主体的西乡茶也随时代变迁而发展、变化。

汉中的茶叶，何尝不是漫漫茶史中的一名声名高洁的隐士？正是"汉茶"历史中的几番沉浮，让我怦然心动，并踏上这条茶人路。后来我在表达企业文化的文字中说："我们在深山里开辟了宜于植茶的园子，植茶、采茶、炒茶、饮茶，我们以文化和学术的名义开始关于茶的一切研读，由此感知过去，窥知未来。"

今天再思量当时的选择时，在远离尘嚣的大巴山做拓荒的工作，也许是顺应宿命，也许是纯净自然中"道"的气息让人无法抗拒吧。但无论从什么意义上来说，拥有这片庄园，恐怕是此生中最大的财富了。

● 丝路风景，草地雪山（青海湖附近）　陈团结/摄

● 陕南秋色　贾胜勇/摄

● 东裕五里坝高山茶园　张为国/摄

我们的原生态庄园

　　汉中北屏巍峨的秦岭，阻挡住了冬季西伯利亚南下的寒流和春秋两季北方的沙尘；南靠逶迤的大巴山，千谷万溪牵引着印度洋的暖湿气流北上，形成亚热带气候，适宜于茶树生长。汉中茶在大巴山北麓海拔 600—1200 米的缓坡地带，自然肥力好。茶叶中富含对人体有益的锌、硒等微量元素，被公认是地球上同经纬度地带中最适合人类生活、也最适合茶树生长的地方。

● 高山云雾中的东裕茶园　贾胜勇/摄

● 晨起，云雾缭绕的茶园　贾胜勇/摄

　　我们的茶园就在这样一片温暖肥沃的群山之中。

　　当人们以数千年在劳动实践和生活体验中所领悟出的智慧与磨炼成的技艺采制成茶叶，从而使得茶叶的"生命"形态延续到了几年、几十年乃至更长的岁月。缘于此，原本从属于茶树的茶叶获得了独立的存在价值，并衍生出了一个多姿多彩的物质世界和人文领域。这个奇妙的价值实现的过程，也是令人心醉神迷的美的历程，实现于茶园，即茶树栽培和茶叶生产的庄园。

　　我们在汉中的大巴山脉中，在年久荒芜的茶山中，我们清理出一块适宜居住修行，适宜种好茶的庄园出来。

　　我们这些茶人在茶园中所极尽的一切努力，都在于把茶源自深山的厚朴特性纤毫无遗地保存下来，并费尽心思把厚朴特性发挥到极致。我们在种茶的所有环节，都极尽努力追求茶园的原生态化。

　　只选择保持原始生态的区域经营茶园。远离工业化、城市化的浸染，森林覆盖与绿化率较高，水土无污染，空气洁净。

　　禁止选择生物技术介入的茶叶品种。我们只选用传统方法选育的或原有的地方良种；在生产的各个环节，禁止任何转基因的物种及技术的介入。

尊重回归和发展原生态的生产方式。顺应自然规律与生态平衡，不逆季生产，不使用农药、化肥、添加剂等，不使用任何对原生态茶园不利的科学技术和人工方法，人为地干预和改变茶树的生长状态。

追求原种原地、原汁原味。

我们刻苦经营的五里坝大巴山中和牧马河畔的茶园，只是苦心孤诣的茶人中的典型一例。尽管在深不可测的大自然面前这种苦心显得力量绵薄，不过对茶人来说，这是近"道"的唯一可行的途径，我们无条件地以自然为师。

制茶过程：宁静的技艺

  茶的产地与种植环境，造就了茶的自然禀赋。茶叶的制作过程，按我的理解，乃是对茶自然禀赋的保存与发挥。高超的制茶师傅总是以自然为师。

  茶的制造并不是件简单的事，必须要各方面的条件相互配合得宜，才能制出令人回味无穷高品质的茶叶。

  唐朝以前，茶叶的加工比较简单，采来的鲜叶，晒干或烘干，然后收藏起来，这是晒青茶工艺的萌芽。在古代交通不便、运输工具简单的条件下，散茶不便储藏和运输，于是将茶叶和以米膏制成茶饼，是乃晒青饼茶，其产

● 紫笋状的鲜叶嫩芽（汉中仙毫）　张为国/摄

● 汉中仙毫成品　李丽/摄

生及流行的时间约在两晋南北朝至初唐。到了宋朝又发明了蒸青制茶，即将茶的鲜叶蒸后捣碎，制饼穿孔，贯串烘干。蒸青饼茶工艺在中唐已经完善，陆羽《茶经·三之造》记述："晴，采之，蒸之，捣之，拍之，焙之，穿之，封之，茶之干矣。"但压榨去汁的做法，却夺走茶的真味，使茶的香味受到损失，且整个制作过程耗时费工。后来人们逐渐采取蒸后不揉不压，直接烘干的做法，将蒸青团茶改造为蒸青散茶，保持茶的香味。然而，使用蒸青方法，依然存在香气不够浓郁的缺点，于是出现了利用干热发挥茶叶香气的炒青技术。明代，炒青制茶法日趋完善，其制法大体为：高温杀青、揉捻、复炒、烘焙至干，这种工艺与现代炒青绿茶制法非常相似。

　　一般茶叶的制造过程包含采摘茶青（茶树的嫩叶）、日光萎凋、室内静置萎凋、炒青、揉捻及干燥等步骤。摘下的茶青，需立即发酵，其中"日光萎

● 东裕茶园采茶女　张为国/摄

凋"主要是利用太阳能使茶青的水分蒸散，并活化茶青中的酵素开始进行发酵；"室内静置萎凋"则是延续日光萎凋所引起的发酵作用。制茶学所称的"发酵"，与一般食品的发酵（如酿酒、酱油）不同，并没有微生物的作用，只是茶青内单纯的酵素作用。发酵完的茶青接着利用高温破坏茶中酵素的活性，这个步骤即称为"炒青"，目的是固定茶的风味。为使茶叶易于冲泡，制茶者会把炒青后的茶叶进行"揉捻"，利用外力使茶叶卷曲成形、并使茶叶组织细胞遭到破坏，汁液流出附着在茶叶表面上。最后进行"干燥"，利用高温来停止茶青中所有的生化反应并降低水分，固定茶叶品质，同时也具有改善香气及滋味的效果。

目前茶叶的制造已可工业化大量生产，不过，我们很多高品质的茶叶仍是手工制作。好茶，离不开好的制茶师傅。对技艺高超的制茶师傅来说，做茶就像是完成一件上乘的艺术品，更甚者，其专注程度堪比佛教坐禅修行的程度。坐禅的作用是让坐禅的人头脑清晰、思维有序、行动专一。好的制茶师傅，在做茶专心一处，注意力全部放在散发着大地芬芳的茶叶上，宁静而充实。不同师傅制出来的茶，口感、气味、汤色都是不一样的。茶叶的品质，除了要有好的茶青，制作过程还要讲究分寸的拿捏和火候，后者考验的是制茶师傅的手艺。

对中国各种名茶制作技艺的传承者们来说，如何保存和发挥茶中自然独特的芬芳，是他们真正的匠心所在。他们心中所把握的，也是中华先民们重要的文化遗产，汉中仙毫的制作，是这份文化遗产的重要一分子。

● 云海　陈团结/摄

汉中仙毫

我们在汉中制作的名优茶，并不是一开始就是"汉中仙毫"。

2005 年，在汉中市人民政府副市长郑宗林先生的努力下，汉中市政府启动了茶叶品牌整合工作，将汉中茶叶品牌由最初的 20 多个整合到"午子仙毫""定军茗眉""宁强雀舌"三个品牌。2007 年 12 月，汉中市政府又以申请地理标志产品保护工作为契机，最终将茶叶品牌整合为"汉中仙毫"一个品牌。从此汉中的名优绿茶"汉中仙毫"开始登上历史舞台。

2013 年，我们生产的"东"牌"汉中仙毫"作为中国名优茶的代表，在巴拿马国际博览会上捧回了金奖。

我们是一个幸运儿，我们能斩获金奖，固然与我们对茶叶原生态品质的

● 汉中仙毫　李丽/摄

极致追求相关，真正的原因不能不说根植于汉中茶叶本身得天独厚的自然禀赋。"纬度高、海拔高、云雾几率高、富含锌硒、远离污染"的自然地理优势和生长环境，让汉中茶具有"香高、味浓、耐泡、形美、保健"五大特点。这让汉中仙毫具备了其他名优茶无法媲美的品质。

● 东裕毛尖　陈团结/摄

　　汉中自古至今都是贡茶、名优茶的知名产地。悠久的产茶历史、独特的生态环境和优良的茶树品种，加上先进的制作技术和设备，决定了汉中茶内质的优异，据中国有关茶叶科研机构测定，汉中名茶氨基酸含量达 4% 左右，咖啡因 4.5% 左右，茶多酚 40% 左右，水浸出物达 46%以上，有较好的品质表现。特别值得一提的是，汉中是一个富含有益于人体微量元素锌、硒的茶区，茶叶中普遍富含有机锌和有机硒；同时汉中茶纯天然无污染。我们的茶叶不经任何技术处理，经中茶所测定均属无公害茶叶，90%以上达到或超过绿色食品的 A 级和 AA 级标准。这也引起了美国有机食品专家的关注，在对汉中茶区的生态进行了实地考察后，他们的评估结果为"金"级。我国茶叶界大家公认的结论：汉中是我国罕见的高香茶区，而且是洁净、卫生的全天然有机茶产区。

　　郑宗林先生在他《汉茶赋》的序中说："……汉茶天生人文之美，独得天地之秀，味甘鲜而源远，富锌硒而倍罕；如此珍物，本应闻名天下，然久居深闺而世人多不识……"复兴汉茶之路漫长而艰辛，不过，我们怎么会畏惧披荆斩棘的艰辛，任重而道远，"舍我其谁乎？"

融入自然

老子说:"道法自然。"

艺术家们说:"师法自然。"

一切都只是对自然之"朴"的膜拜与回归。

茶人在大自然中辛勤劳作。作为大自然的崇拜者,我们对茶文化的、审美的、哲学的理解,与人们内心深处对茶及大自然的尊崇联系密切。

我们经常看到古人对茶的赞美总是与对自然造物的膜拜紧密相连。人们将茶看做是天地灵气之结晶,赋予它各种神圣的雅号:"天赋识灵草,自然钟野姿"(陆龟蒙《奉和袭美茶具十咏·茶人》);"山实东吴秀,茶称瑞草魁"(杜牧《题茶山》);"嫩芽香且灵,吾谓草中英"(郑遨《茶诗》);"岩隈艺灵树,高下郁成坞"(文徵明《茶坞》);"摘带岳华蒸晓露,碾和松粉煮春泉"(齐己《闻道林诸友尝茶因有寄》);"洁性不可污,为饮涤尘烦;此物信灵味,本自出山原"(韦应物《喜园中茶生》)。可以说,古人对茶的赞誉已经达到了顶礼膜拜的地步,茶从一片绿叶转化为大自然灵性和神性的化身,成为古人尊重自然、敬畏自然的文化符号。唯有将自然视为活的生命、美的主体,人类才能正确认识自我在整个生态系统中的合理位置,才能矫正人类中心主义,这是挽救生态危机的首要条件。

茶叶近乎圣物的自然之美不仅体现在它的出处,还体现在整个采茶、制茶、烹茶、饮茶过程中。也正因为茶具有的天然属性,人们在与其接触的每一个环节中都自觉或不自觉地突显其自然之美的特性,从"茶圣"陆羽直至当代,人们对品茗用水的标准都有不同的观点,但有一点几乎得到所有茶人

● 浅瓯吹雪　高建群/书　陈团结/摄

集体无意识式的认同，即使用天然的水。天然的水，就是天地之间自然生成的水，它是"泉鲜水活别无法，瓯中沸出酥雪妍"。在古人眼里，煮茶用的水，上好的或是泉水、井水，或是雪水、露水，它们无一不是直接取自大自然，具备洁净、甘甜、清新、自然之美。

　　我们在一本叫"涵养心灵　喝杯绿茶"的宣传册中说，汉中仙毫"凝聚的是山川自然的灵气……淡雅，归隐，宁静"。这便是我们这些在大巴山中的拓荒者，开辟这样一片洁净的茶园，内心最终寻找到的东西。

● 品茶、作诗、题字　陈团结/摄

茶之味

茶汤的美感世界

茶汤之要，在于和。茶汤之和：一是在于五行阴阳调和；二是在于茶事诸要素节度得宜。节度得宜，主要体现在茶量、水温、冲泡时间的控制上；五行阴阳调和，则在于茶席主人的精心布置和茶道参与者在茶席上的悉心体味。

● 茶汤之要，在于和　陈团结/摄

茶之质

　　茶在中国人的心中，是有许多益处的灵草。中国古人曾认为茶有十德：以茶散郁气，以茶驱睡气，以茶养生气，以茶除病气，以茶利礼仁，以茶表敬意，以茶尝滋味，以茶养身体，以茶可行道，以茶可雅志。

　　茶之十德，无论是对精神或者文化的作用，还是对身体的功效，都是以茶的内质为基础的。

　　这片小小的树叶中究竟有什么奥秘?

　　在古代，人们只是以敬畏的眼光看待大自然赐给我们的一切。直到 19 世纪初，茶叶的成分才逐渐明确起来。经过现代科学的鉴定，茶叶中含有机化学成分达 450 多种，无机矿物元素达 40 多种。茶叶中的有机化学成分和无机矿物元素含有许多营养成分和药效成分，我们可以列举茶最主要的功效成分。

　　水分：水分是茶树生命活动中必不可少的成分，是制茶过程一系列化学变化的重要介质。制茶过程中茶叶色香味的变化就是伴随着水分变化而变化的。因此，在制茶时常将水分的变化作为控制品质的重要生化指标。茶鲜叶的含水量一般为 75%～78%，鲜叶老嫩、茶树品种、季节不一，含水量也不同。一般幼嫩芽叶、雨水叶、露水叶、大叶种，雨季、春季的含水量较高，高的可达 84%。老叶、中小叶种和旱季、晴天叶含水量较低。

　　蛋白质与氨基酸：茶叶中的蛋白质含量占干物质量的 20%～30%，能溶于水直接被利用的蛋白质含量仅占 1%～2%。这部分水溶性蛋白质是形成茶汤滋味的成分之一。氨基酸是组成蛋白质的基本物质，含量占干物质总量的 1%～4%。茶叶中的氨基酸主要有茶氨酸、谷氨酸等 25 种以上，其中茶氨酸含量约占氨基酸总量 50%以上。氨基酸，尤其是茶氨酸是形成茶叶香气和鲜爽度的重要成分，对形成绿茶香气极为重要。

　　生物碱：茶叶中的生物碱包括咖啡因、可可碱和条碱。其中以咖啡因的含量最多，约占 2%～5%；其他含量甚微，所以茶叶中的生物碱含量常以测定咖啡因的含量为代表。咖啡因易溶于水，是形成茶叶滋味的重要物质。红茶汤中出现的"冷后浑"就是咖啡因与茶叶中的多酚类物质生成的大分子络合物，是衡量红茶品质优劣的指标之一。咖啡因可作为鉴别真假茶的特征之一。咖啡因对人体有多种药理功效，如提神、利尿、促进血液循环、助消化等。

　　茶多酚：茶多酚是茶叶中 30 多种多酚类物质的总称，包括儿茶素、黄酮类、花青素和酚酸等四大类物质。茶多酚的含量占干物质总量的 20%～35%。而在茶多酚总量中，儿茶素约占 70%，它是决定茶叶色、香、味的重要成分，其氧化聚合产物茶黄素、茶红素等，对红茶汤色的红艳度和滋味有决定性作用。俗称"茶单宁"，是茶叶特有成分，具有苦、涩味及收敛性。在茶汤中可与咖啡因结合而缓和咖啡因对人体的生理作用。具有抗氧化、抗突然异变、抗肿瘤、降低血液中胆固醇及低密度脂蛋白含量、抑制血压上升、抑制血小板凝集、抗菌、抗药物过敏等功效。

　　矿物质：茶中含有丰富的钾、钙、镁、锰等 11 种矿物质。茶汤中阳离子含量较多而阴离子少，属于碱性食品。可帮助体液维持碱性，保持健康。

　　钾——促进血钠排除。血钠含量高，是引起高血压的原因之一，多饮茶可防止高血压。

　　氟——具有防止蛀牙的功效。

　　锰——具有抗氧化及防止老化之功效，增强免疫功能，并有助于钙的利用。因不溶于热水，可磨成茶粉食用。

　　维生素：类胡萝卜素在人体可转换为维生素，但要和茶末一起饮用才可补充。B 群维生素及维生素 C 为水溶性，可由饮茶中获取。

　　其他机能成分：黄酮醇类具有增强微血管壁弹性、消除口臭功效。皂素具有抗癌、抗炎症功效。氨基酪酸于制茶过程中强迫茶叶进行无氧呼吸而产生，可以防高血压。

茶之形

　　在茶的诸多要素中，首先被我们感知的，是茶之形。

　　在茶荷之中，或在茶汤之中，茶之形都是嗜茶者们所珍视的品茶要素。有的类物为形，若雀舌，如奇葩，千百年承传，形成名品；有的成为几何图形，或圆或方，或球或柱，大多为紧压茶；有的形态没有规则，但名声显赫，如"美如观音重如铁"的福建铁观音茶，"外形曲卷，背有蛙皮"的武夷山乌龙茶；有的形如粉末，如袋装的速溶茶；有的是形似牡丹花、菊花的束形茶……洋洋大观，美不胜收。

● 茶分阴阳　陈团结/摄

茶形之美，带给了人们生理感观"表层"的愉悦，与"空寂之美"同属美学上"优美"之美的范畴，茶之表里造型，是连接心与至朴自然最细微，也是最本质的要素，它展示着这个小小叶片在山林中伫立的姿态。爱茶者之中，有人喜爱碧螺春茶的曲线美、条索纤细，神形毕肖，巧夺天工；有人喜爱猴魁茶之尖形美，如刀似枪，嫩叶抱嫩芽，两刀夹一枪，自然成趣；有人喜爱翠眉茶之形，美如蛾眉，状若小家碧玉，天生丽质；有人喜欢君山银针茶形美，嫩度高，采制考究，尖细如针，在茶汤中亭亭玉立，动静皆美。

螺形茶：顾名思义，此种茶卷曲如螺，造型柔美，仔细观赏，可见叶的条索纤细，蒙披白毛，附叶成朵，给人一种轻快感，似在流动，又在升腾，如江苏碧螺春茶。

扁形茶：这类茶形与名相符，扁平挺秀，色泽翠绿显毫，如玉兰花瓣那般水灵，有种端庄大方的美感。茶芽立于杯中，恰是群笋出土、仿佛是少女的水中芭蕾，蔚为壮观，如汉中仙毫。

尖形茶：此种茶芽头肥实，两叶抱芽，宛若两刀夹一枪。仔细观赏，其色深绿，白毫隐伏，叶脉微红，在茶汤中茶叶几经沉浮，或刀枪林立，或春兰初绽，美丽可人。如安徽的太平猴魁茶。

针形茶：这类茶外形细圆而紧密，挺直而秀丽，两端略尖，茸毫隐露，犹如松针一般。仔细观赏，就能感受到造物主所造针形的静态之妙；若在玻璃杯中冲泡，茶针即冲向水面，根根竖立，继而徐徐下沉，尽显动态之美，如南京雨花茶、安化松针茶。

剑形茶：此种茶外形似剑，扁平挺直，映光生辉，仔细观赏，横竖有别，横者刀光剑影，竖者万枪指空；整体看，像勇士整装待发，又像交战中的千军万马，令人感受到壮烈激越的美妙。如安徽天柱剑毫茶。

片形茶：这类茶外表叶呈单片，状似瓜子，自然平展，仔细观赏，可见叶缘微微翘起，色泽碧绿悦目，叶片完整，大小匀称，而且不含芽尖、茶梗，片片相似，片片美，如安徽六安瓜片茶。

茶之色

　　茶最基本的颜色是绿色，是大自然的生命本色，经过不同的加工，从黄绿到乌黑，茶的颜色丰富深邃——在大自然生命系列中，生命的不同阶段通过颜色得以昭示。

　　我国的茶类习惯上的分类，即是以颜色辨别。有绿茶、红茶、乌龙茶、黑茶、白茶等。从这些茶类来看，颜色是茶类重要的表征之一。

　　绿茶的颜色特征，干茶有翠绿、青绿、墨绿，以绿为主色，茶汤有艳绿、鲜绿，即翡翠带黄，透明悦目，也呈现出绿的要素，叶底有翠绿、嫩绿、青绿、黄绿，也以绿为主色。茶叶的绿色主要是由叶绿素决定的。叶绿素由碳、氢、氧、氮、镁五种元素构成。叶绿素有深绿色和黄绿色两种，前者称为叶绿素 a、后者称为叶绿素 b。

　　红茶的颜色特征，成品茶一般呈乌黑至棕褐，茶叶审评家称为乌润，是优级红茶干茶的理想色泽；红茶汤色有红艳、鲜红，以橙红为主色。茶叶的橙红色主要是由茶叶中儿

● 六色茶汤　徐小龙/摄

● 喝茶配小茶点　　陈团结/摄

茶素经过氧化脱氢聚合转化形成茶黄素和茶红素等色素决定的。纯粹的儿茶素，未经氧化脱氢聚合，是无色的。茶黄素为黄色，茶红素呈红色，都是儿茶素氧化脱氢聚合后的产物。红茶的茶汤，有橙黄明亮、红亮等色泽。前者主要由茶黄素决定，后者则由于茶红素较多所致。

　　茶叶中除了绿色素和红色素，黄色素实际占有极其重要的地位。前面所说到的茶黄素是红茶汤色的主要色素。绿茶汤色主要是绿黄色。绿茶汤色的显黄，是由于多种上述酚类物的初级氧化物引起的。同时酚类物中的黄酮类及其糖苷（又称花黄素），是一些由黄到绿决定绿茶汤色的色素。绿茶如果贮藏不善，会出现黄色和褐色。黄褐色来自叶黄素、胡萝卜素及酚类物的初级氧化物。

　　红茶茶汤冷后会产生乳凝状物，高级红茶的乳凝物，呈亮黄酱色，是理想的"冷后浑"。理想的"冷后浑"的黄色也是儿茶素氧化脱氢聚合而成的茶黄素存在的反映，这种氧化物与咖啡因络合就在红茶汤中生成乳凝物质。

　　乌黑也是茶叶重要的色泽，前面说到红茶的干茶就尚乌润。这种色泽是红茶加工过程中叶绿素分解的产物脱镁叶绿酸及脱镁叶绿素及果胶素、蛋白质、糖和酚类物的氧化产物附集于茶叶表面，干燥后呈现出来的。在审评过程中，常发现有乌条暗片。这种乌暗色泽的形成，是由于茶叶中酚类物、儿茶素等，不适当的氧化聚合，生成过量的茶褐素所致。

　　与乌黑接近的颜色，有红茶显示的棕褐色，以及绿茶因贮藏不善而形成的黄褐色。这些也都可以由叶绿素水解产物、果胶素蛋白质、糖类和酚类物不同程度的氧化物经过干燥形成。此外，尚有儿茶素氧化所形成的茶褐素，能使红茶汤色形成不愉快的暗褐色和红茶叶底形成乌暗的猪肝色。黑茶呈灰橄榄色到暗褐色，这是由于茶叶中的酚类物在黑茶制造渥堆过程中经受了外来微生物的作用，氧化并与氨基酸结合产生了黑色素。

　　和黑色相对立的颜色，是白色。白茶的白毫和幼嫩叶制成的绿茶所显的白毫，都是茶叶中白色素的反映。纯净的儿茶素是无色的，它在绿茶和白茶的嫩毫中，因为未经氧化，故能使嫩毫显白色。至于红茶的嫩毫，由于红茶加工过程中，儿茶素经受了氧化脱氢聚合成茶黄素的缘故，因此，幼嫩芽叶上的茸毛不复呈白色，而呈金黄色。如高级红茶就富有金黄毫。白色素还有多种花白素，如芙蓉花白素、飞燕草花白素等。茶花的白色，也是这些无色化合物存在的反映。幼嫩鲜叶的白毫也会有这样的化合物。

　　黑色和白色的中间色是灰色，在评茶过程中常发现绿茶有为人所赞赏的银灰色。银灰色是白色素在茶叶精制过程中，由于机械的摩擦而产生的色泽。

茶汤四相

饮茶其实饮的是茶汤。

茶与水相融合，茶即是水，水即是茶，两者密不可分，称作"茶汤"。茶之色、香、味、气韵等皆蕴藏于茶汤中，饮茶是饮茶汤，说茶其实同样是说茶汤，谈茶论道更是谈论茶汤。茶的滋味，茶的意蕴，都蕴藏在茶汤之中。所以珠光禅师说："佛法存于茶汤。"禅宗素来以茶为悟道助力，赵州和尚接引学僧，往往只让"吃茶去"，独得茶汤三昧。此时此处的茶汤已超越了茶品、水品、茶器、冲瀹方法等物质层面，直接彰显茶中真谛，直接体现茶道精髓。

茶汤有冷热，有深浅，有盈亏，有虚实，有甘淡爽利之分，有艰涩柔和之别。知名茶人冷香斋主人说，茶汤的色泽、香气、滋味、气韵称为茶汤四相。品啜茶汤时能得四相，称为得味；不即不离四相，称为得意；能忽视茶汤四相，方称得道。

香气：香有清浊，有沉浮，有短长，有阴阳，有出世入世之分，有婉约粗放之别。婉约则香气幽雅深长，粗放则粗疏短浅，茶汤之香以婉约为贵，粗放为贱。今略分茶汤之香为：浓香、甜香、幽香、清香。浓香如姚黄魏紫，香气馥郁。甜香如月下秋桂，其情最娇。幽香如空谷幽兰，其韵独高。清香如夏荷初露，清芬袭人。茶汤之香以清香为上品，幽香为中品，浓香、甜香为下品。幽香中尤以能出兰香者为绝品。

汤色：茶汤之色以嫩绿雅淡为上，橙黄清亮为中，红亮浓重为下。其他各色茶汤又等而下之。以茶品论，绿茶茶汤为上品，乌龙茶茶汤为中品，红

● 茶品汤色　陈团结/摄

茶、普洱茶茶汤为下品。

汤味：汤味有甘苦，有轻重，有厚薄，有老嫩软硬之别，有滑利艰涩之辩。对汤味的要求：入口轻，触舌软，过喉嫩，口角滑，留舌厚，后味甘。轻、甘、滑、软、嫩、厚称为茶汤六味。六味具足者为上品，甘、滑、软、厚四味具备者为中品，味尚甘滑者为下品。

气韵：茶汤之气韵以雅淡空灵者为上品，"岩骨花香"者为中品，香味平庸者为下品。上品茶汤能得茶之真香、真味，滋味淡然隽永，香气清幽深长，气韵流动鲜活。香气、滋味俱蕴藏于茶汤中，不动声色，不露圭角，如至人贤圣处世，淡然自足，宠辱皆忘，而其品德、操行足以教化四方。中品茶汤应俱"岩骨花香"。"岩骨"指茶汤入口后应有金石感，品啜时有圭角，耐咀嚼；香气幽雅深长谓之"花香"。中品茶汤如仁人君子处世，慷慨激昂，忠勇好义，以思兼天下为己任，以没世不朽为标榜，让人钦羡不已。下品茶汤略

● 滴滴清茶入杯　陈团结/摄

俱滋味，聊备诸香，香气或浓或淡，滋味或甘或苦，细细品啜，其实平庸。上品茶汤应以清净心证之，中品茶汤应以义气证之，下品茶汤所在皆是，随处可证。

饮茶四法

根据制成茶汤不同的方法，茶有四种不同的饮法：煮茶法、煎茶法、点茶法和泡茶法。

煮茶法： 所谓煮茶法，是指茶入水烹煮饮用。唐代以前无制茶法，往往是直接采生叶煮饮，唐以后则以干茶煮饮。西汉王褒《僮约》："烹茶尽具。"西晋郭义恭《广志》："茶丛生，真煮饮为真茗茶。"东晋郭璞《尔雅注》："树小如栀子，冬生叶，可煮羹饮。"晚唐杨晔《膳夫经手录》："茶，古不闻食之。近晋宋以降，吴人采其叶煮，是为茗粥。"晚唐皮日休《茶中杂咏》序云："然季疵以前称茗饮者，必浑以烹之，与夫瀹蔬而啜者无异也。"汉魏南北朝以迄初唐，主要是直接采茶树生叶烹煮成羹汤而饮，饮茶类似喝蔬茶汤，此羹汤吴人又称之为"茗粥"。唐代以后，制茶技术日益发展，饼茶（团茶、片茶）、散茶品种日渐增多。唐代饮茶以陆羽式煎茶为主，但煮茶旧习依然难改，特别是在少数民族地区较流行。中唐陆羽《茶经·茶之饮》载："或用葱、姜、枣、橘皮、茱萸、薄荷之等，煮之百沸，或扬令滑，或煮去沫，斯沟渠间弃水耳，而习俗不已。"晚唐樊绰《蛮书》记："茶出银生城界诸山，散收，无采造法。蒙舍蛮以椒、姜、桂和烹而饮之。"唐代煮茶，往往加盐葱、姜、桂等佐料。宋代，苏辙《和子瞻煎茶》诗有"北方俚人茗饮无不有，盐酪椒姜夸满口"，黄庭坚《奉谢刘景文送团茶》诗有"刘侯惠我小玄璧，自裁半璧煮琼麋"。宋代，北方少数民族地区以盐酪椒姜与茶同煮，南方也偶有煮茶。明代陈师《茶考》载："烹茶之法，唯苏吴得之。以佳茗入磁瓶火煎，酌量火候，以数沸蟹眼为节。"清代周蔼联《竺国记游》载："西藏所尚，以邛州雅安为最。……其熬茶有火候。"明清迄今，煮茶法主要在少数民族流行。

煎茶法。煎茶法是指陆羽在《茶经》里所创造、记载的一种烹煎方法，其茶主要用饼茶，经炙烤、碾罗成末，候汤初沸投末，并加以环搅、沸腾则止。而煮茶法中茶投冷、热水皆可，需经较长时间的煮熬。煎茶法的主要程序有备器、选水、取火、候汤、炙茶、碾茶、罗茶、煎茶（投茶、搅拌）、酌茶。煎茶法在中晚唐很流行，唐诗中多有描述。刘禹锡《西山兰若试茶歌》诗有"骤雨松声入鼎来，白云满碗花徘徊"。僧皎然《对陆迅饮天目山茶，因寄元居士晟》诗有"文火香偏胜，寒泉味转嘉。投铛涌作沫，著碗聚生花"。白居易《睡后茶兴忆杨同州》诗有"白瓷瓯甚洁，红炉炭方炽。沫下曲尘香，花浮鱼眼沸"。白居易《谢里李六郎中寄新蜀茶》诗有"汤添勺水煎鱼眼，末下刀圭搅麹尘"。卢仝《走笔谢孟谏议寄新茶》诗有"碧云引风吹不断，白花浮光凝碗面"。李群玉《龙山人惠石禀方及团茶》诗有"碾成黄金粉，轻嫩如松花""滩声起鱼眼，满鼎漂汤霞"。五代徐夤《谢尚书惠蜡面茶》诗有"金槽和碾沉香末，冰碗轻涵翠缕烟。分赠恩深知最异，晚铛宜煮北山泉"。北宋苏轼《汲江煎茶》诗有"雪乳已翻煎处脚，松风忽作泻时声"。北宋苏辙《和子瞻煎茶》诗有"铜铛得火蚯蚓叫，匙脚旋转秋萤火"。北宋黄庭坚《奉同六舅尚书咏茶碾煎烹三首》诗有"冈炉小鼎不须催，鱼眼长随蟹眼来"。南宋陆游《郊蜀人煎茶戏作长句》诗有"午枕初回梦蝶度，红丝小磑破旗枪。正须山石龙头鼎，一试风炉蟹眼汤"。五代、宋朝流行点茶法，从五代到北宋、南宋、煎茶法渐趋衰亡，南宋末已无闻。

点茶法：点茶法是将茶碾成细末，置茶盏中，以沸水点冲。先注少量沸水调膏，继之量茶注汤，边注边用茶笼击拂。《荈茗录》"生成盏"条记："沙门福全生于金乡，长于茶海，能注汤幻茶，成一句诗。并点四瓯，共一绝句，泛乎汤表。"其"茶百戏"条记："近世有下汤运匕，别施妙诀，使汤纹水脉成物象者，禽兽虫鱼花草之属，纤巧如画。"注汤幻茶成诗成画，谓之茶百戏、水丹青，宋人又称"分茶"。《荈茗录》乃陶谷《清异录》"荈茗部"中的一部分，而陶谷历仕晋、汉、周、宋，所记茶事大抵都属五代十国并宋初事。

点茶是分茶的基础，所以点茶法的起始当不会晚于五代。从蔡襄《茶录》、宋徽宗《大观茶论》等书看来，点茶法的主要程序有备器、洗茶、炙茶、碾茶、磨茶、罗茶、择水、取火、候汤、点茶（调膏、击拂）。点茶法盛行于宋元时期，宋人诗词中多有描写。北宋范仲淹《和章岷从事斗茶歌》诗有"黄金碾畔绿尘飞，碧玉瓯中翠涛起"。北宋苏轼《试院煎茶》诗有"蟹眼已过鱼眼生，飕飕欲作松风鸣。蒙茸出磨细珠落，眩转绕瓯飞雪轻"。北宋苏辙《宋城宰韩秉文惠日铸茶》诗有"磨转春雷飞白雪，瓯倾锡水散凝酥"。南宋杨万里《澹庵坐上观显上人分茶》诗有"分茶何似煎茶好，煎茶不似分茶巧。蒸水老禅弄泉手，隆兴元春新玉爪。二者相遭兔瓯面，怪怪奇奇真善幻。银瓶首下仍尻高，注汤作字势嫖姚"。宋释德洪《无学点茶乞茶》诗有"银瓶瑟瑟过风雨，渐觉羊肠挽声度。盏深扣之看浮乳，点茶三昧须饶汝"。北宋黄庭坚《满庭芳》词有"碾深罗细，琼蕊暖生烟""银瓶蟹眼，波怒涛翻"。明朝前中期，仍有点茶。朱元璋十七子、宁王朱权《茶谱》序云："命一童子设香案携茶炉于前，一童子出茶具，以瓢汲清泉注于瓶而炊之。然后碾茶为末，置于磨令细，以罗罗之。候汤将如蟹眼，量客众寡，投数匙入于巨瓯。候茶出相宜，以茶筅掸令沫不浮，乃成云头雨脚，分于啜瓯。"朱权"崇新改易"的烹茶法仍是点茶法。

泡茶法：泡茶法是以茶置茶壶或茶盏中，以沸水冲泡的简便方法。过去往往依据陆羽《茶经·七之事》所引"《广雅》云"文字，认为泡茶法始于三国时期。但据著者考证，"《广雅》云"这段文字既非《茶经》正文，亦非《广雅》正文，当属《广雅》注文，不足为据。陆羽《茶经·六之饮》载："饮有粗、散、末、饼者，乃斫、乃熬、乃炀、乃舂，贮于瓶缶之中，以汤沃焉，谓之庵茶。"即以茶置瓶或缶（一种细口大腹的瓦器）之中，灌上沸水淹泡，唐时称"庵茶"，此庵茶开后世泡茶法的先河。唐五代主煎茶，宋元主点茶，泡茶法直到明清时期才流行。朱元璋罢贡团饼茶，遂使散茶（叶茶、草茶）独盛，茶风也为之一变。明代陈师《茶考》载："杭俗烹茶，用细茗置茶瓯，以沸汤点之，名为撮泡。"置茶于瓯、盏之中，用沸水冲泡，明时称"撮泡"，

● 出汤　李丽/摄

此法沿用至今。明清更普遍的还是壶泡，即置茶于茶壶中，以沸水冲泡，再分酾到茶盏（瓯、杯）中饮用。据张源《茶录》、许次纾《茶疏》等书，壶泡的主要程序有备器、择水、取火、候汤、投茶、冲泡、酾茶等。现今流行于闽、粤、台地区的"工夫茶"是典型的壶泡法。

● 斟茶　陈团结/摄

泡茶三要

在四种饮茶方法中，泡茶最为简易方便，在时下最为兴盛。

好茶必须有好水和好的茶具，但是如果只有这些，而没有掌握好泡茶技术，还是得不到好的效果。泡茶技术包括三个要素：茶叶、水的用量比例，泡茶水温，冲泡时间。

第一，茶叶用量，其实质是茶水比。

泡茶时，茶与水的比例称为茶水比。不同的茶水比，泡出的茶汤香气高低、滋味浓淡各异。茶水比过小，即泡茶的用水量多，茶叶内含物被溶出茶汤的量虽然较大，茶汤浓度却显得很低，茶味淡，香气薄；相反，如茶水比过大，即沏茶的用水量少，茶汤则过浓，而滋味苦涩，同时又不能充分利用茶叶浸出物的有效成分。一般情况下，农业部门在对茶叶质量进行审评的时候，绿茶或花茶通常是1∶50，也就是1克茶叶用50毫升的水，一般用3克茶叶放入审评杯里，倒入150毫升的开水，这样能发挥出茶叶的汤色、香气和滋味。茶叶种类繁多，茶类不同，用量各异。冲泡一般红、绿茶时，茶水比大致掌握在1∶50或1∶60。如饮用普洱茶，每杯放5~10克。如用茶壶，则按容量大小适当掌握。用茶量多的是乌龙茶，每次投入量几乎为茶壶容量的二分之一，甚至更多。在生活上，茶水比要因人而异、因茶而异。从个人嗜好、饮茶时间来讲，喜饮浓茶者，茶水比可大些；喜饮淡茶者，茶水比可小些。细嫩茶叶的用水量适当减少，粗茶叶的用水量再适当增大。

饮茶量的多少决定于饮茶习惯、年龄、健康状况、生活环境、风俗等因素。一般健康的成年人，平时又有饮茶习惯的，一日饮茶12克左右，分3~4

次冲泡是适宜的。对于体力劳动量大、消耗多、进食量也大的人，尤其是高温环境、接触毒害物质较多的人，一日饮茶 20 克左右也是适宜的。油腻食物较多、烟酒量大的人也可适当增加茶叶用量。孕妇和儿童、神经衰弱者、心动过速者，饮茶量应适当减少。

第二，用水，尤其是对水温的把控。

古人对泡茶用水的选择要求有三点：甘而洁，活而鲜，贮水得法。现代人泡茶用水一般都用天然水，天然水包括泉水（山水）、江水（河水）、溪水、井水、湖水、雨水、雪水等。城市里用的自来水是净化后的天然水。不过自来水有时会用过量的氯化物消毒，气味很重。可先将水贮存在罐中，放置 24 小时后再用火煮沸泡茶。另外，水的硬度和茶的品质关系密切。当水的 PH 酸碱度大于 5 时，汤色很深，PH 酸碱度达到 7 时，茶黄素倾向于自动氧化而消失。软水易溶解茶叶的有效成分，所以茶味较浓。另外，当水中的含铅量达到 0.2mg/kg 时，茶叶就会变苦；镁含量大于 2mg/kg 时，茶味就会变淡；钙含量大于 2mg/kg 时，茶味就会变涩；若达到 4mg/kg 时，茶味就会变苦。因

● 古人常取雪水烹新茶　　陈团结/摄

此泡茶宜选用软水或暂时硬水为好。在天然水中，雨水和雪水属软水，溪水、江水（河水）、泉水属暂时硬水，部分地下水为硬水，而蒸馏水为人工软水。

水的温度也很关键的。按照唐朝陆羽的理论：当水煮到出现鱼眼大的气泡，并微有沸声时，是第一沸；当锅边缘连珠般的水泡向上冒时，是第二沸；水面波浪翻腾是第三沸。"三沸"之后，不宜接着煮，因为水已煮老，不能再饮用。

注水的手法对茶汤滋味也有很大影响。在同一道茶叶的泡制过程中，注水手法的变化也会使茶汤的滋味产生变化。同一道红茶由不同的人泡出来差别很大，除去一些水质、器皿的影响外，注水出汤的手法是一个关键，同一种大红袍，不同的手法会影响茶叶中物质释放的先后与快慢，滋味呈现自然不同。这里的关键就是需要识别茶性后，运用手法，抑扬有度，这样就可以使茶汤口感平衡、气韵持久。依据茶性选择适合的冲泡手法泡制出来的茶汤滋味自然比任意而为的茶汤来得清爽好喝。泡茶目的在释放茶里的物质，冲泡时顺其性，茶汤便好喝。对于芽叶细嫩的、不发酵的茶来说，冲泡时需要悬壶高冲，以降低水温，并使茶叶在水中充分滚动，以达到受热均匀，才能使茶叶绽放美丽的形状。另一方面，要使茶叶受热均匀，就不可定点冲泡，那样会使得定点部位的茶叶过分受热以至茶叶细胞被烫死。对于芽叶粗老的茶和发酵程度高的茶来说，冲泡时水温要高，所以不可悬壶高冲，此外，最好大水柱绕冲，这样就会使茶叶受热均匀，还要注意在注水后盖上壶盖，以蕴积茶汤滋味。随着冲泡次数的增加，水柱要随之要变细，以适当降低水温。

如果茶是要显出高香的，就应该高冲，以让味道充分显出来，比如绿茶和花茶等。对于类似普洱、铁观音和岩茶这样的注重韵味的茶，一定要低冲，而且不能从中间注入。注水要定点且力度要均衡，环绕注水就如兵困围城，茶劲将发却被压郁闷死；应该顺势而为，有流畅之意。这样，水进入干茶细胞，茶物质就会浸出。定点注水，水流从一方向卷出茶物质，此顺也，这样沏出来的茶水将会是饱满味厚。环绕注水，便如四面挡截，此堵也，茶水便会味薄而不顺喉。

同一种茶，不同的冲泡手法泡出来的茶的味道也不同。比如同为武夷山大红袍，用沸水直冲，就会香气高扬，但不持久，滋味霸道回甘却不明显；中投法入水，提壶高冲却不直接淋在叶上，香气轻扬幽远，滋味鲜爽顺滑。清理茶盘、摆放茶杯、烧水、提壶，这些泡茶前的准备工作都应安静，这样就把外界的喧闹"隔绝"在外。等壶里的水开了以后，放在桌面上，当水不再翻滚，拎起开水壶，让水从壶嘴流出，水流均匀平稳地顺着杯子的边沿平滑流入。这样冲泡出来的茶口感绵软滑顺、细腻甘甜。如果拎起开水壶，让水流注下，控制好水流速度，让水流进杯子的瞬间成为水珠状态，在茶杯里面上下翻滚激荡，这样冲泡出来的茶口感粗狂猛烈、干燥生涩。

第三，泡茶时间。

美国《预防》杂志刊文称，研究发现，红茶泡得时间越长，越有益健康。美国塔夫斯大学的营养学教授杰弗里·巴伦博格表示，泡茶时间长有利于其中有益健康的黄酮类物质充分溶解，最好泡够5分钟。

不同的茶类，冲泡时间是不一样的。比如，碧螺春芽叶小而细嫩，如冲泡时间恰到好处，才能清汤绿叶、口感香醇。如泡得时间过长，不仅汤色会变黄，而且新鲜度也会大打折扣。冲泡时，先倒开水再放茶叶，泡两三分钟即可。冲泡龙井茶、黄山毛峰前，先给杯子里倒点开水，把茶叶浸泡一下，闻到淡淡的清香后，再加水，盖上盖子泡4分钟。泡够这个时间，茶叶口感更好，其中的有益成分也能有效析出。喝的时候，不要等杯里的水全喝完再加水，喝一半时就加满水，这样可以保持浓郁的口感。普洱茶属于黑茶，一般泡5分钟香味就出来了，与茶饼相比，散茶更容易出味。"越陈越香"被公认为是普洱茶区别于其他茶类的最大特点。也正因如此，冲泡普洱茶最重要的步骤是洗茶，即先把茶叶放入杯中，倒入开水，过一会把水倒掉，再倒入开水，盖上杯盖。这样，第二道茶不仅滤去了茶叶上的杂质，而且更香醇。另外，其他因素也会影响茶的效果，比如给红茶里加点柠檬汁，抗氧化剂含量可增加80%。另外，奶茶是用红茶做原料，但红茶配牛奶，可能会阻碍某些营养成分的吸收。

茶叶冲泡的时间和次数差异很大，与茶叶种类、泡茶水温、用茶数量和

● 投茶　陈团结/摄

● 注水　陈团结/摄

饮茶习惯等都有关系，不可一概而论。如用茶杯泡饮一般红绿茶，每杯放干茶 3 克左右，用沸水约 200 毫升冲泡，加盖 4～5 分钟后便可饮用。这种泡法的缺点是：如水温过高，容易烫熟茶叶（主要指绿茶）；水温较低，则难以泡出茶味；而且因水量多，往往一时喝不完，浸泡过久，茶汤变冷，色、香、味均受影响。改良冲泡法是：将茶叶放入杯中后，先倒入少量开水，以浸没茶叶为度，加盖 3 分钟左右，再加开水到七八成满，便可趁热饮用。当喝到杯中尚余三分之一左右茶汤时，再加开水，这样可使前后茶汤浓度比较均匀。据测定，一般茶叶泡第一次时，其可溶性物质能浸出 50%～55%；泡第二次，能浸出 30% 左右；泡第三次，能浸出 10% 左右；泡第四次，则所剩无几了。所以，通常以冲泡三次为宜。如饮用颗粒细小、揉捻充分的红碎茶与绿碎茶，沸水冲泡 3～5 分钟后，其有效成分大部分浸出，便可一次快速饮用。饮用速溶茶，也是采用一次冲泡法。

品饮乌龙茶多用小型紫砂壶。在用茶量较多（约半壶）的情况下，第一泡 1 分钟就要倒出来，第二泡 1 分 15 秒（比第一泡增加 15 秒），第三泡 1 分 40 秒，第四泡 2 分 15 秒。也就是从第二泡开始要逐渐增加冲泡时间，这样前后茶汤浓度才比较均匀。

泡茶水温的高低和用茶数量的多少，也影响冲泡时间的长短。水温高，用茶多，冲泡时间宜短；水温低，用茶少，冲泡时间宜长。冲泡时间究竟多长？以茶汤浓度适合饮用者的口味为标准。

据研究，绿茶经一次冲泡后，各种有效成分的浸出率是大不相同的。氨基酸是茶叶中最易溶于水的成分，一次冲泡的浸出率高达 80% 以上；其次是咖啡因，一次冲泡的浸出率近 70%；茶多酚一次冲泡的浸出率较低，约为 45% 左右；可溶性糖的浸出率更低，通常少于 40%。红茶在加工过程中揉捻程度一般比绿茶充分，尤其是红碎茶，颗粒小，细胞破碎率高，所以一次冲泡的浸出率往往比绿茶高得多。目前，国内外日益流行袋泡茶。袋泡茶既饮用方便，又可增加茶中有效物质的浸出量，提高茶汤浓度。据比较，袋泡茶比散装茶冲泡浸出量高 20% 左右。

茶汤五行

　　茶汤之要，在于"和"。茶汤之和：一是在于五行阴阳调和；二是在于茶事要素节度得宜。节度得宜，主要在于控制茶量、水温、冲泡时间；五行阴阳调和，则在于茶席主人的精心布置和茶道参与者在茶席上的悉心体味。

　　儒家把世间万物归纳为"五行"，即金、木、水、火、土。中国古老哲学

● 一杯绿茶沁心脾　　陈团结/摄

之五行调和，包含着人与自然、人与社会的融洽之道。

金者，即金贵、名贵。金属是某些茶具不可或缺的组成部分。自古以来，人们以金为极，以金为最，金牌、金奖乃至高荣誉。金色也被视为一种高贵的颜色。茶具的金属器质相应地披上了一层贵气。

木为大地所生，深深扎根大地，得水土滋养，又保水土不流失，质地朴实，可雕可塑，被陆羽誉为南方嘉木的茶，把生命中最宝贵、最值得骄傲的那部分奉献给人类。

水为茶之母，茶因水而显风姿，水因茶而更动人。人们在潮起潮落的涛声中潜心研造时尚之壶，激活适茶之水。一种茶具理应有最适合它的水，才能孕育出千年的品茗之道。

火的炽热，激发起水的灵感，烘托品饮的温情。品茗无论是煮水或是净器，都致力于追求节能与高效。

土为万物生存之本，与火结合的陶瓷被誉为是一门"火"与"土"文化。从上下五千年的文化土壤中吸取精华，以土之质朴，努力打造民族特色与现代科技最佳结合的品饮器具，弘扬国饮、传承中国茶文化。

陆羽将"五行"纳入"煎茶"的茶道中，他认为金木水火土相结合才能煮出好茶，茶汤之成，在于五行调和。煎茶用的风炉，属金；炉立于土地上，属土；炉中沸水，属水；炉下木炭，属木；用碳生火，属火。这五行相生相克，阴阳调和，从而达到茶"祛百疾"的养生目的。

现代制茶工艺中，采摘下的茶青（属木），经炙热铁锅（属金）"杀青"、揉捻后慢火（属火）烘焙成干茶。"金"克"木"，又被"火"克，性质大变，从而制成成品茶。冲泡茶叶所需的沸水（属水），茶具（属土），也属五行之列。中医认为一个人的五行平衡停匀，生克得当，即可强身健体。茶叶经过反复生克、攻伐、合化、博取，兼容了阴阳五行的精华灵气，这正是茶叶诸多养生功效的根源所在。

● 分茶——红茶如汤 陈团结/摄

茶之席

极简的美学

    茶席是以茶修道者们的林隐之地：一罐，一壶，一杯，仅此而已；茶具以简约、古拙为上，质地、线条和空间组合，将空寂通过造型之美表达出来，往往比语言来得真实，并具有震撼人心的力量。

● 室外茶席 马越川/摄

现代性

现代性与无限丰富的信息和无限丰富的物质享受相联系。

现代性是指：每当你眨一下眼睛的时候，全世界就有数千部手机、数千台电脑、成千上万的衣物用品、数以亿计的信息被生产出来，并以各种主动被动的方式极尽我们的感官。这些物品并不是因为我们的生活确实需要，而是企业为了赚取更多的利润而创造出来的。管理大师德鲁克说：企业的使命是创造需求，这是现代性的一个例子。企业编造一些故事，并用各种现代传播方式哄着消费者为它买单。广告催生我们的购买欲，购入我们并不需要的东西。为此，我们拼命工作。用 100 个小时的加班换来一只 LV 牌包包，然后再用更多的时间去换取钻石项链、豪华小车。我们如此辛劳，也许只是为了广告里的一句宣传语。曾经，当钻石还没有进入消费领域的时候，人们生活得也很好。后来，经过某家钻石公司的洗脑，说钻石是爱情的代言，于是我们的生活目标中多了一项：钻石。后来的后来，当越来越多的行业给人们洗脑，我们的生活目标开始变得无比庞大，包括服装、手机、香水、数码、小车，美容按摩、星级酒店。而我们作为消费者获得的是什么呢？生活品质的真正提升？还是时尚体面的炫耀资本？是内心愉悦的享受？还是无穷无尽的购买欲望？是品位？是质地？是需要？是自我个性的表达？还是泡沫？是快餐？是追风？是人云亦云的不甘落后？

无论如何，这所有的一切，连同被深深掩埋的我们自己，最后将一同从这个世界消失。

现代性意味着被物质充满的生活。我们生活在一个垃圾泛滥的年代。物

● 茶器　陈团结/摄

● 茶席　陈团结/摄

质的泛滥涉及的不仅是环保问题，还有我们的心灵问题。在物质的层面上我们要这个要那个，而一旦回归到本质的层面，却一片茫然。

现代性催生了欲望，挤压了宁静自在的内心。我们染上了各种隐，上网成瘾、游戏成瘾、购物成瘾、看电视成瘾。我们心如狂象，无法停息下来，无法在宁静之中真正地享受片刻人生。我们对于自己的生命观念和时间观念一无所知，我们对周遭的感知力日益减弱，有时候甚至还不如一只小猫。这一切全赖于物质的异化。我们用生命和时间换取并无意义的工业化复制品，而这些复制品全变成了负担，因为我们要用更多的时间来收拾、使用、打理这些复制品。当我们抱怨被生活的琐事埋没的时候，也许正是被自己的物品埋没了。这便是物对人的异化。

极简主义

对修道者们来说，现代性是对"道"的反动。

我们无限地向外追逐，无暇反思内观，也无暇洞悉生命本身的奥秘：现代性遮蔽了我们内在智慧的光芒，让我们变成了没有灵性的人。

老子说："五色令人目盲，五音令人耳聋，五味令人口爽，驰骋畋猎，令人心发狂，难得之货，令人行妨。"缤纷的色彩看久了就会让人两眼昏花。歌乐欢动，喧哗不已，听久了就会使人耳聋失聪。山珍海味吃多了反而使人胃口病伤而厌恶饮食。驱马奔驰，围捕田猎，时间久了会让人心智狂乱而纵情放荡。贪求宝物而不知满足，时间久了就会使人行为乖戾而举动失常。"道"于是收敛这一切，"挫其锐，解其纷，和其光，同其尘"，复归于朴。

修道的第一要领就是要从种种纷争、繁华、喧嚣躁动中退隐，深根宁极，回到至简的根源之地。爱尔兰诗人叶芝有一首小诗：

> 虽然枝条很多，根却只有一条
> 穿过我青春的所有说谎的日子
> 我在阳光下抖掉我的枝叶和花朵
> 现在我可以枯萎而进入真理

我们先不遑论修道，或者"进入真理"，我们且只是在这样一个迷乱的世界里，回归生活的本色，归于真实、快乐而有灵性的生活。我们首先把自己从过度消费的泥潭中解救出来，简化自己过度缤纷、令人心发狂的物质生活。"简化生活"总是从"简化欲望"开始。这条路径无论古今，无论中外，无论贫富均是如此，因为它是从主观欲望着手的，所以对任何经济情况的人都是

● 道家敬茶　陈团结/摄

有效的。可以说，"简化欲望"是适用于所有人的有效方法。庄子的淡泊、陶渊明的闲适都来自于此。他们的欲望有限，所以能满足于最简单的生活。《庄子·逍遥游》中说："鹪鹩巢于深林，不过一枝；偃鼠饮河，不过满腹。"这句话提醒我们，每个人基本的生活需求和实际上能在世间享受的东西非常之少。这正如一只口渴的偃鼠，它到河边喝水，充其量也就能把整个肚子撑饱了，其他的河水对它来说没什么用。可是，现在很多人的欲望却能膨胀到想要占据整条河流。这又有什么必要呢？

在这里，我们碰到了极简主义。

极简主义者的生活信条是：若无必要，切勿增加消费。极简主义不是禁欲主义，它并不禁止我们的欲望，而是把我们从各种压迫中解放出来，从而更好地生活。极简主义也不是苦行僧主义，它并不否定物的作用，而是要更好地利用物，为生活本身服务。它关注生活本身，抵制物的异化。

苹果教主乔布斯先生就是一个极简主义的信奉者。据说，乔布斯生前拥有的物品非常少，除了一年四季穿的黑色上衣，就只有一套昂贵的音响设备。乔布斯同样也是个禅宗信徒，物品的削减，从一个侧面反映了他心灵的干净。没有杂物，没有杂念，于是便有了至美的境界。苹果简约时尚的产品风格和企业文化，与乔布斯的理念是分不开的。可以这么说，正因为乔布斯的简约，才能有苹果的风靡世界。德国著名的极简主义风格的建筑设计师伊娃·玛利亚·斯特德尔也是一个极简主义生活的倡导者，她说："这种极度削减的方式，使人更容易将注意力集中在房间里那些为数不多的物件上。这种环境令人心绪平静，也使你的感官更敏锐。"这便是极简主义者的基本信仰。她的家位于东柏林的赫尔曼双子塔大厦里面，是一间普通的卧室。阳光从宽敞明亮的落地窗照射进来，房间里所有的摆设只有一张白色床和一盏黄色的落地灯。除此之外，再无他物。这位德国女建筑师在里面生活和工作，没有多余的摆设，将生活用品精简到最少。

极简主义是一种生活方式，它和禅宗一样，引导人类回归本然之心，导向一种真实、灵洁而又至善至美的生命境界。

精行俭德

真正的茶人一定是简约主义的奉行者。

茶人应该牢记茶圣陆羽的教诲"精行俭德"。茶人的生活方式总是与所谓的现代性截然相反，而毫无疑义地导向"极简主义"。

《茶经·一之源》说："茶之为用，味至寒，为饮，最宜精行俭德之人。"所谓"精行俭德"之人，也就是指那些追求"至道"的贤德之士。

所谓"精行"是说有关茶事的各个方面都要求精益求精。"茶有九难"包

● 清水泡茶　陈团结/摄

● 泡茶　陈团结/摄

括：造、别、器、水、火、炙、末、煮、饮。从种茶，制茶，鉴别，煮茶器具的用法，火候的掌握，水的煎煮，烤茶的讲究，饮时的程序等，无不要求精心而作，要想品饮茶的真香，唯有达到"九难"的精益求精才行。

"俭德"就茶而言，指茶味宜淡。茶圣陆羽在《茶经·五之煮》中这样写道："茶性俭，不宜广，广则其味黯澹。"此处的"俭"是指茶的本性含蓄内敛，因而煮茶时水不宜加得过多，不然茶就会变得寡淡无味。

"俭德"就德而言，指俭朴内敛的德行。《易·象传上·否》说"君子以俭德辟难"。"俭"为众德之源，奢靡无度的往往是欲望很多的人，欲望多了就会去谄媚人，就会常常去贪求很多事情，求而得之的路很艰险，很多时候也是一条邪路。社会上存在一个严重问题是贪污，贪污是结果，原因是什么？不廉洁。不廉洁是结果，原因是什么？不节俭。他一奢侈，他控制不了欲望。这是有权有位的人。无权无位的人，想要满足自己的奢靡需求，容易去偷、抢、骗。现在诈骗集团很多。原因是什么？不节俭。花钱花习惯了，一没有钱，他又有这么多欲望，开始动歪脑筋，不劳而获。俭则清，宋代·杨万里在《谢木韫之舍人分送讲筵赐茶》中写道："故人气味茶样清，故人风骨茶样明。"陆羽将"俭"作为约束茶人行为的首要条件，以勤俭作为茶事的内涵，反对铺张浪费的茶事行为。

"俭德"就是要做减和简的功夫。减少欲望，简化生活。减、简、俭三个词，不仅仅是发音上的相同，在其基本精神上也是内在相通的，减是方法，简是外在表象，俭是内在德行。追究繁富、奢靡的生活，满足被刺激起来的各种欲望，是一条艰难凶险的路。欲望，会把心灵导向迷乱之途。况且，人的欲望往往如车轮不停转动，一个欲望得到满足，更大的欲望立即产生，尽此生片刻不得停息。所以老子说："见素抱朴，少私寡欲，绝学无忧。"

《茶经·六之饮》中，我们能找到陆羽心中贤德之士的踪迹，他说："茶之为饮，发乎神农氏，闻于鲁周公。齐有晏婴，汉有扬雄、司马相如，吴有韦曜，晋有刘琨、张载、远祖纳、谢安、左思之徒，皆饮焉。"《茶经·七之事》举例古代茶事说：晏婴身为宰相，一日三餐只有粗茶淡饭；扬州太守恒温性俭，每宴饮只设七个盘子的茶食。陆羽本人从不汲汲于名利声色，不宦不隐，不佛不释，逍遥山水，放怀林泉，云游茶水间，高蹈尘俗中，最是一个寡欲而"精行俭德"的典范。

至简的茶席

俭德最具体的体现就在茶席的一方之地。

茶席的布局设置，是我们内心世界的外化，反映我们对生活的态度。对茶人来说，茶席是以茶悟道的道场。简欲以求道，当体现于茶席的寸方之地。

不过，陆羽同时代的茶道追求者，似乎并未领会他"精行俭德"的宗旨。唐朝茶席注重茶器的选择，茶具样式多而精致，《茶经》中提到的有 24 种之多。但这种华丽的阵容只有富贵人家才能享受得起。

至宋朝，虽然对茶器的讲究较之唐有过之而无不及。但宋代的茶人，热衷于将茶席置于大自然的林泉山野之中，远离尘嚣。他们还把一些取型于自然的艺术品设在茶席上，而插花、焚香、挂画与茶一起更被合称为"四艺"，常在各种茶席间出现。以艺术手法来营造简淡的禅意，可以说是对陆

● 花道与香道、茶道是中式生活美学的重要组成部分　陈团结/摄

羽精行俭德的一种艺术化的践行，是中国最早的以极简主义为宗旨的行为艺术。明代因为废除饼茶，改为散茶冲泡方式，当时称为"撮泡法"。茶壶、茶杯是壶泡法中最重要的器具，"壶供真茶，正在新泉活火，旋渝旋吸，以尽色声香味之蕴。"因此紫砂壶艺应运而生，发展为一门极富艺术性的陶艺产业。明代茶艺行家冯可宾的《茶笺·茶宜》中，更是对品茶提出了十三宜：无事、佳客、幽坐、吟咏、挥翰、徜徉、睡起、宿醒、清供、精舍、会心、赏览、文僮，其中所说的"清供""精舍"，指的即是茶席的摆置，而"清供""精舍"多以追求萧淡简远之境为宗旨。

　　陆羽《茶经》上强调的"精俭"在日本的大师们那里发挥到极致，被他们认为是体悟茶境空寂的一种方式。"精俭"在日本珠光大师、武野绍鸥、千利休等大茶人的茶道上都表现得非常具体，凝聚为一种令人震撼的空寂之美，而千利休明确将"空寂"作为茶道的审美理念。千利休强调"贫困"，"贫困"是"空寂"的本质构成，这是对陆羽"俭德"极致化的发挥。这里所说的"贫困"，不是一般意义上的纯粹贫困，而是与世俗（诸如财富、权利、名誉等）相对，千利休试图从"贫困"中感受一种超现实的有价值的存在。因而，他将"空寂"定义为对"贫困性"的审美情趣。千利休改革书院式茶道，提倡草庵式的"空寂茶"，主要以"贫困"作为举行茶道或茶会用的特殊建筑——茶室。将其素化，即将茶室改革为草庵式的木结构建筑，且茶室面积从四铺半席缩小至二铺席乃至一铺半席大小，这样茶室内就自然充满热气，茶人容易达到纯一无杂的心的交流。茶室的墙上抹土，再抹上一条四五寸宽的稻草和泥土混合的涂料，多是灰土、茶褐色、暗褐色等中间色。整个茶室建筑结构简素、色彩沉静。茶室中配以同样简素、沉静的茶叶罐、茶壶和形状不匀整的粗茶碗，在茶室壁龛里挂上一轴水墨画或简洁的字幅，摆上一个花瓶，插上一朵小花或花蕾，在小花或花蕾上点一滴水珠，这滴水珠乍看是假的，细看方知是真的，晶莹欲滴，安然地缀在上面。在茶室微暗的光线下，从这种简素、不匀整的中和、沉静的色彩的背后，可以想象出无限纷繁的形和无限多彩的色。

三器两方一底

茶的境界，就是能够在一个纷纷扰扰的浮躁社会中静下来。

品茶空间的设计，就是要通过茶具的搭配和布置、环境的设计和点缀、冲泡手法等来表达我们的追求。

设计的第一要领：若无必要，切勿增加器具。

品茶空间的设计，可从两方面着手进行构思：第一是找出各种可用于能泡出一壶好茶汤的茶具；第二是通过品茶空间的情境布置来影响及冲击人们的情感。所选择的环境设计的所有要素，一旦所选用的茶具与空间设计搭配得法，人们接收到茶人发放的电波与要传达的讯息，这种能突出某种意境的品茶空间，就会产生强烈的艺术感染力，人们将会被他所喝到的茶、所看到的事物触及心灵，然后投入和享受其间散发出来的有形或无形的美。这个"美"如果能持续，并且有方法将它发挥得越来越精致成熟，它便成为一种茶道精神。

刚开始布席，往往会用加法。茶布会选色彩亮丽的，并不停地往茶席上添置各式各样的茶器具，渐渐的茶席上摆满泡一壶茶本身所不需用的很多东西。借由日复一日地布席摆花，慢慢发现，其实泡一壶茶所用的器具不需要很多，可以简化到"三器两方一底"。

三器：泡茶器、煮水器、品饮器；

两方：洁方、水方；

一底：席面。

当代"干泡法"盛行，"干泡法"是极简主义的衍生品，泡茶一般不使用茶盘，而将废弃茶水及茶渣直接倾倒于垃圾桶内。省却了厚桌石盘，不见了淋漓水汽，桌面始终清爽整洁，究其意趣要旨皆在于一袭至简至美的茶席。干泡茶首先需要选一套适合自己的壶杯，可以是紫砂，亦可是近年正复兴崛起的古朴柴烧，不拘器形，全随自己喜好。柴烧器皿建议冲泡陈年岩茶及黑茶，因其具有超强的软化水质与吸附杂味功能，可去杂存香，与陈茶结合相得益彰。其次是备一方壶承，相当于传统茶道的茶盘，只是干泡的壶承与传统茶盘相比更为小巧，大小符合茶壶的底座或略大即可。如果喜欢，可以选一个与茶具相配的水盂，这水盂并非必备，它的作用是用来接第一泡的洗茶水及冲泡过的茶叶渣，方便观察叶片形态，进行鉴赏。

其他如茶则、茶荷、茶仓等均与传统茶道无异，或有或无，以方便为宜。但于干泡茶席不可或缺而又极易被忽视的却另有其物——花器。花器不拘大小器形，色泽古朴为上。插花亦要极简，一段枯枝，一枝斜梅便意趣盎然，满席生辉。

● 茶器 陈团结/摄

● 干泡茶席　马越川/摄

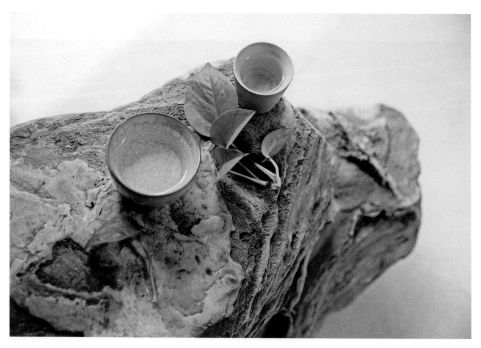

● 石茶台　陈团结/摄

　　干泡茶席不囿于地点，室内户外，溪畔山间，皆可成席。茶兴浓时，席地而居，悠然品茗。茶与器皆出于自然，又复归于自然——美茶、美器、美境、美心，天人合一，方为茶之道。

　　如此精心设计的品茗空间，将外界的种种喧嚣纷争隔绝开，举目所见，没有绚烂只有素雅，这种简单的素美的深处，蕴藏着枯淡的清寂之美。于名利声色的世界，这里是"无何有之乡"，可"逍遥寝卧"其侧矣！

茶席赏器

　　茶席上的茶器，是这场极简修行的道具。凝神观赏茶器，领悟其中意蕴，本身也是参道。

　　茶席是茶道艺术的外在表现形式，真正好的茶席必然永远保存在美学之中，茶人可以抛弃茶抽象的娱乐性，用茶席的形象化加上具体的茶、茶器，赋予复合的生命，茶席是一次性的演出。

　　茶席就是一处"行动场域"，茶器攸关茶汤的解析度，茶器是茶席的重要部分。铺陈茶器的摆置，茶人本身也是其中的一部分，通过茶器鉴赏和品水打开味蕾序曲，呈现茶席意境。

　　茶席中的茶与器具有对称性，如果现代人在生活中能对茶器倾心投入，那么茶席所给予人的亲切感远大于喝茶本身。以茶席的桌布来看，所用的颜色令人想起一种亲密的附和，用对颜色，会给茶席参与者带来安定感。茶席

● 茶席　张为国/摄

● 太白山唐镇茶室　张为国/摄

上的茶器摆设看起来像是一种参道，凝聚精气神韵。壶不单是壶，它在茶席上光辉闪亮，其隐含的制作者的用心感染了茶人，而杯子的形制与材质，更强烈昭显茶器制作者的用心，他们渴望杯子成形后，可以成为茶人的终身伴侣，即使它只是在品茗时短暂使用。日本茶席原是唐物鉴赏之会的产物，赏茶器是茶会程序中十分重要的一环，也是每次茶席中的议题。"赏茶器"成为今人考证昔日茶席盛会的依据。

　　茶在不同时代制作的方法不同，品茗即形成各自风格，烹煮的团茶，击拂的抹茶或是壶泡的散茶，分别出现于中国不同朝代。不同时期出现的不同饮茶方式，使用各式各样茶器的场景，都体现着不同历史阶段的时代风尚。

　　盛唐茶席，华丽与简约在调和中展现出隽永。茶席在唐代华丽的生活风格中绽放意象，茶席传达的是品茗的典雅匀称与隽永。茶叶制法的变换，总

● 茶器　陈团结/摄

会改变茶器的用法，从匀称到隽永，唐代蒸青制茶饮用的"煮茶法"，出现了阵势庞大的茶器组合，从茶碾、水注、茶盏的功能中，蕴藏着人们对茶独特的认知。其间典雅的茶器特有的隽永气质，正是今日茶席追求体验与诠释唐代茶文化的品位主张。茶席的品位是由文化资本所表现出来的品位。唐代茶器的匀称纯质，天然具有成为一种摆放表现的品位。那不只是对出土茶器的怜爱和抽象意境的向往，也是茶席带给人们的美的感受。

两宋茶席，点茶流动生活的美学。宋代的吃茶法是当时文人雅士生活风格的一种意象传达。宋代吃茶法中讲究用蒸青的绿茶，能够让蒸青绿茶发挥最佳效果的则是黑釉茶盏。黑色茶盏具有衬托白色浮花的效果。宋代茶具多采用茶盏，茶色既然是白色的，自然以黑色的茶盏最适宜，如此一来色调分明，利于品评。黑釉茶盏的烧制在宋代得到极大的发展，茶席应用单色对比，茶和茶器互相烘衬。宋代点茶法影响了日本抹茶道，这种品不厌精的时尚，更牵动着茶道精神的娱乐性，用单色釉的沉敛，凝聚了品茗时的清、精、和、寂，唯有在自我的反省中才能提升生活的品位。

明代茶席，由华丽繁复趋向隐逸清静。明太祖朱元璋下诏罢造团茶后，原来设置在闽北的御茶园改制散茶。改制散茶带动了全国各地跟进，当时以制作绿茶为主，并由蒸青制茶进入炒青阶段，炒青出来的茶纤细，以芽为贵，品饮时以茶汤鲜绿为主，环绕绿茶而生的茶器大兴。茶叶制作方法的变动，引发茶具的改变，茶席布置也由华丽繁复趋向隐逸清静。文徵明的《品茶图》中，在草席内两人对坐品茗，上置一壶两杯，茶寮灯火明亮，茶童扇火煮茶，后有茶叶罐。这是一幅文人茶会图。茶室简朴清静，傍溪而建。从历史文献中我们看到：明代品茗喜用青花杯或是白釉小盏，这一时期的品茗风格、茶器使用影响到日本煎茶道风格，并影响了我国闽南、广东与台湾使用小壶小杯的品茗风格。白茶碗比起黑茶碗，更能将炒青绿茶的清澈表现出来。明人对茶杯的形状圆整精致的要求，是由明代生活文化整体精美化的倾向，同时也是优质优良的炒青绿茶带动的。明人茶席用器之品位，每件茶器均有来历，这也是摆设茶席用器之妙所在。茶席之美，更体现在茶器与玩赏器之美，茶席呈现出拙真意趣盈盈的境界。

清代茶席传达出乐现豁达的气息。清代仍饮散茶，受到清皇室爱茶的影响，御制茶器乍现光华，沿继唐宋时期的茶盏改良的盖碗，成为清代品茗用器新宠，另一沿袭明代茶器以小为贵的传统，造成"景瓷宜陶"的大格局，来自江苏宜兴的紫砂壶，以及江西景德镇的瓷器，已蔚为品茗必备用器，而从此出发的清代茶席乐现豁达的气度，撑起了中国茶文化的一片天空。茶器也出现了"景瓷宜陶"之外的潮汕功夫茶壶和茶担。清朝的茶器多系内务府造的官窑器，其中壶器与杯器迈向了制瓷巅峰的极致。乾隆皇帝嗜茶，要求紫砂茶具保留最佳的品饮功效，而且要与官窑瓷器一样集诗书画印为一体。紫砂上的绘画与书法是用本色泥浆堆绘而成。文人参与茶器的创制，将字画镌刻在壶、杯器之间，从而品茗风雅不只是对茶汤的满足，更大的精神愉悦来自欣赏茶器，以及茶器上的字、画。

不过，茶具在不同时代整体上表现出来的风格，在茶席赏器时仅可做鉴赏的知识背景，每一件茶具背后独具的匠心，却需要品茶人慢慢体悟。

一方茶碗

对茶人来说，第一件茶器就是茶碗。

茶道入门即是从"识器"开始，然后才是修身、静心，茶道之美，须是通过器物展现出来。茶碗是茶席中最重要的茶道具。

中国茶碗的造型发展表现为由粗趋精，由大趋小，由简趋繁、复又归简，从简行事的过程。早期的茶碗中比较受欢迎的越地的瓷器，在今天温州一带，陆羽从茶碗与茶色的关系，解释了为什么要推崇越地的青瓷茶具。唐代的煎茶的茶汤颜色偏黄，如果用白瓷、黄瓷、褐色瓷器的话，茶汤就会呈现出红、紫、黑的视觉效果，影响美感。而青瓷碗盛茶汤颜色发绿，比较好看。宋代的点茶茶汤是白的，所用的茶碗也就随之发生变化。唐代百姓用的黑、褐、黄茶碗都成为上等的茶碗。这样深色的茶碗可以烘托出茶汤的洁白，而唐代所推崇的青瓷茶碗的效果就差了很多，虽然很多地方还在使用，但是显然不是点茶用的茶盏。

明代的茶具除了改进茶碗，还出现了很多釉色和彩绘的茶具，其中以明代永乐时期，景德镇烧制的青花瓷、白瓷与彩绘茶具最为突出，工艺已经达到登峰造极的境界。彩瓷技术给茶具的风格带来极大的变化，可以说彩瓷茶碗是明清茶具的一大特点。青瓷、白瓷、青花瓷这些不同时代的代表茶碗，在历史中都沉淀下来，成为中国人日常饮用之物。

除此之外，还有一种柴烧茶碗，也颇为时下茶人所爱。这种柴烧是利用薪柴为燃料烧成的陶瓷制品，柴烧的陶艺作品与一般窑的差别在于灰烬和火焰直接窜入窑内，产生落灰经高温熔成自然的灰釉，其色泽温暖，层

● 一方茶碗　陈团结/摄

次丰富，质地粗犷有力，与一般华丽光亮的釉药不同；不重复且难预期烧窑的成果。若是横焰式窑，烧成的作品有受火面与背火面的阴阳变化与火焰痕迹。它散发一种质朴，浑厚，古拙的美感，是柴烧陶艺家为它着迷尽心追求的原因。

　　中国传统审美要求内容和形式的统一，文质彬彬。杯子不仅要有把手，还要有盖子、托。三才杯可以说是中国最典型的茶碗，中国人在这一小小的盖碗茶杯融贯了"天人合一"的思想。茶盖在上谓之"天"，茶托在下谓之"地"，茶碗居中是为"人"，包含古代哲人"天盖之，地载之，人育之"的道理。这种至简而宏大的道理，奠定了茶席上参禅悟道的宇宙背景。

　　把玩茶碗之时，更多的是对茶碗细部韵味的感受，这在日本茶人佐佐木三昧先生所著《茶碗》一书中可见一斑："看上去只是一只茶碗，一块陶片，但是，一次两次，五次十次，你用它点茶、喝茶，渐渐地你就会对它产生爱

● 爱茶之人的茶杯　陈团结/摄

慕之情。你对它的爱慕越是执着，就越能更多地发现它优良的天姿，美妙的神态。就这样，三年、五年、十年，你一直用这只茶碗喝茶的话，不仅对于茶碗外表的形状、颜色了如指掌，甚至会听到隐藏在茶碗深处的茶碗之灵魂的窃窃私语。是否能听到茶碗的窃窃私语，这要看茶碗主人的感受能力。任何人在刚刚接受一个新茶碗时是做不到的，但是随其爱慕之心的深化，不久便会听到。当你可以与你的茶碗进行对话的时候，你对它的爱会更进一步。茶碗是有生命的。正因为它是活着的，所以它才有灵魂。"

　　日本人把茶碗推举到一种膜拜的程度，他们更多关注的是一种禅味，一种道家思想。日本陶器朴素之中具有冷漠、凋零美感，即所谓枯淡美，亦即日本茶道追求的"闲寂"。千利休从禅入手，倡导从不对称的、不光滑的、枯淡简素的和物中去寻找美，此种审美规定为"わび"（wabi），通常表示贫困、稚拙、不纯、破旧、不完整，表现在茶具上不对称、破旧感等。从我们接触到的茶道奉为最高的标准的茶碗、或杯来看，那种自然柴烧效果、简洁的装饰无不体现了这种文化特征。简单朴素，去掉一切不必要的装饰、只要够用就行。这些特征表现在对茶碗造型、装饰要求上就是以自然、朴素、不用或少用装饰。

紫砂壶真意

壶的出现，本身即是中国人追求朴拙高尚的人生态度的反映。

唐宋时期，烦琐的茶饮礼仪形式挤掉了喝茶人的精神思想。留下的只是茶被扭曲的程式形态，喝茶是在行礼，品茗是在玩茶。后期紫砂器的风行，打掉了繁复的茶饮程式，一壶在手，自泡自饮。文人骚客在简单而朴实的品饮中可以尽心发挥思想体味紫砂自然的生命气息带给人的温和、敦厚、静穆、端庄平淡的精神韵律。古人有言："水为茶之母，壶为茶之父。"这实在是茶人茗客对茶、水、壶三者互为依存、相映成趣关系的独到精辟之见。因而，自明代以降，会"玩"茶品茗的，必定会"玩"壶把盏。

紫砂器的风行和推广，也带给壶艺以变革。自时大彬起，一反旧制，制作紫砂小壶。周高起《阳羡茗壶系》说："壶供真茶，正是新泉活火，旋瀹旋啜，以尽色香味之蕴，故壶宜小不宜大，宜浅不宜深，壶盖宜盎不宜砥，汤力茗香，俾得团结氤氲。"冯可宾也在《茶笺》中对紫砂小壶的盛行趋势作了说明："茶壶以陶器为上，又以小为贵，每一客，壶一把，任其自斟自饮，方为得趣。壶小则香不涣散，味不耽搁。"

中国的茶壶，无可与江苏宜兴的紫砂茶壶相匹敌者。明代周高起说："至名手所作，一壶重不数两，价重每一二十金。能使土与黄金争价，世日趋华。"明季张岱也说："宜兴罐，以龚春为上。一砂罐跻之商彝周鼎之列而毫无愧色。"其价可窥一斑，紫砂壶属拓器类，不上釉，既有一定的硬度，又保存一定的气孔，因而盛茶既不渗漏，又有良好透气性。所以古人说该壶"既不夺香，又无熟汤气。故用以泡茶不失原味，色、香、味皆蕴""注茶越宿，暑月不馊""紫砂壶的另一个特点是冷热急变性好，寒冬腊月，注入沸水，不因温度剧变而炸裂；盛暑六月，把盏啜壶，也不会炙手。"紫砂壶使用越久，壶身色泽越发光润，玉色晶亮，气韵温雅。《阳羡茗壶录》赞道："壶经用久，涤拭日加，自发黯然之光，入手可鉴。"因此，寸柄之壶，往往被人珍同拱璧，贵如珠玉。

　　紫砂壶的真意即在于它保持的质朴的本色。经过火与艺的配合，烧成后仍保留着泥土的质朴天然本色。绚丽、浮艳与紫砂无缘。不施釉不彩绘的紫砂美在何处？有个文人这样写过："抟泥铸此君，朴拙稚巧携，碧螺浅半盏，不酒亦醉人。"质朴、浑厚、天真、灵巧——紫砂壶的这些矛盾而又统一的特质，恰如宜兴绿茶的恬淡、清幽、温润、素洁、明秀的特质。于是，素朴的壶和素绿的茶融为一体，相互映衬。它们和我们日日相伴，使人感受到生活中有一种纯真的朴素的美，茶与壶能够进入社会生活中，大家需要它，挚爱它，正是因为这个中美质，紫砂壶的质朴和绿茶的清幽，常为鉴赏者引为知己，古今书画家，诗人、雅士在壶上留下了铭文，自我抒怀，或镂刻赠友。

　　在儒释道三家思想对茶文化的影响中，道家思想影响最大，并在茶文化体系建构中占主导地位，尤以柔静形成茶文化的主体思想特征。明代中期以后，社会矛盾极为复杂，社会问题急趋尖锐，难以解决，促使文化人开始从自己的思想上寻求自我完善和解脱。同时，程朱理学进一步发展，王阳明倡导"心学"，将释家禅宗与道家清静溶于儒学之中，形成新儒学，强调个人内心修养。茶文化的柔静思想恰好与这种推崇中庸沿简、崇尚平朴自然、提倡内敛喜平的时代思潮不谋而合。表现在对茶器具的追

● 紫砂壶保持质朴的本色　毛玲/摄

求上，紫砂器的自然古朴形象能够体现时代思潮与茶饮形式的融合。因此，大量文人参与紫砂器的创作活动，推动了士人的购藏风尚，引导了紫砂技艺在艺术典雅情趣上的丰富与提高。

文人参与紫砂器的制作活动，有着多种的形式，除了邀请名家艺匠特别制作外，大多文人是亲自设计外形，题刻书画，运用诗书画印相结合的形式，从艺术审美的角度追求紫砂器的外在鉴赏价值。这样，也就使一些具有相当文化底蕴的艺匠同时成为制作紫砂精器的大家，像时大彬、徐友泉、陈鸣远、陈鸿寿、杨彭年等都是兼具文人艺匠双重身份的紫砂制作大师。文人对紫砂壶创作的参与，同时促进了茶文化与文学的交流，这种交流不是凑合附加，而是气血相融多方面的思想意识的交融。紫砂器外在形制的古朴典雅，凝着茶文化的深厚的自然气韵，文人在冲泡品饮的意境中寻求到了天地间神逸的心灵感受。

紫砂小壶的质朴精巧，给人带来的不光是茶的真味，而且融汇着天、地、人、茶的统一意念。

● 紫砂壶古朴典雅　毛玲/摄

茶之水

观水的智慧

　　茶的灵性在水中发挥到极致；茶汤以清冽之性涤荡一切执着贪欲的俗心。《周易》"君子洗心，退藏于密"，孔子临川而观悟无常之理，老子说"水几于道"，无外乎此。

● 茶与水自古不分离　陈团结/摄

水与茶

茶与水自古不分离，茶的灵性因水而得到发挥。

一则有水才有茶汤，叶片的自然禀赋才能如此显明地呈现；二则水的清洌才能真正地涤荡一切；三则水声以动示静，提示动静一如的智慧；四则水提示无常，无常扫荡一切贪欲执着之念……我们可以列举出很多条诸如此类的高论，不过，我们还是从最浅近的说起。

最明显的事实就是：有了水，茶才能散发出它的香味，让人品到它的甘醇，有了茶，才让本来无味的水有了新的味道与神韵。水是茶的色、香、味的载体，而且茶在水中各种物质才能够浸润出来，茶的各种营养成分和药理功能，最终也是通过茶水的冲泡才能够为人体所吸收；饮茶时，各种愉悦快感的产生，无穷意会的回味，都是通过水来实现的。明代许次纾《茶疏》曰："精茗蕴香，借水而发，无水不可与论茶也。"同朝张大复在其《梅花草堂笔谈》中，也谈道："茶性必发于水，八分之茶，遇十分之水，茶亦十分矣；八分之水，试十分之茶，茶只八分耳。"

茶与水珠联璧合之默契，相得益彰之妙用，历来为茶人所重。"龙井茶、虎跑水"，堪称杭州双绝；另有"蒙顶山上茶，扬子江心水"，又为绝配"伉俪"。因而精于茶者，必精于水。

王安石与苏轼同朝为官，虽政见相左，友情却十分深厚，而且都是爱茶之人。苏轼在种茶、烹茶上造诣极深，而王安石在鉴水、品饮上略胜一筹。王安石老年患了痰火之症，虽然每每病发时服药，却难以除根。皇帝爱惜这位老臣，让太医院的御医帮他诊断。太医详细问诊了一番，没有开药，却让王安石常饮阳羡茶，并嘱咐他须用长江瞿塘峡的水来煎烹。茶好买，但日取瞿塘峡的水却有点难办。一次，王安石得知苏轼将赴黄州，途中会路过三峡，就慎重相托于苏轼，于瞿塘峡中舀一瓮水带回，苏轼自然爽快地答应了。

几个月后，苏轼返程，因为旅途过于劳累，船经过瞿塘峡时打了一会儿瞌睡，等一觉醒来，船已到了下峡，想起老友的数次嘱咐，赶紧在下峡舀了一瓮水。

待苏轼将水送到王府时，王安石大喜，来不及道谢就亲自取水而烹茶，邀苏轼一起细细品饮。王安石屏声静气品了第一口，忽然眉头微凝，问苏轼："此水取自何处？"苏轼答："瞿塘峡。"王安石又问："可是中峡？"苏轼有点心虚，但还是强答道："正是中峡。"王安石摇头道："非也，非也！此乃下峡之水。"苏轼大惊道："三峡之水上下相连，介甫兄何以辨之，何以知此水为下峡之水？"王安石笑道："《水经补论》上说，上峡水性太急，味浓，下峡之水太缓，味淡。唯中峡之水缓急相半，浓淡相宜，如名医所云'逆流回阑之水，性道倒上，故发吐痰之药用之'。故中峡之水，具祛痰疗疾之功。此水，茶色迟起而味淡，故知为下峡之水。"苏轼听了王安石的话，既惭愧，又满心折服，连声谢罪致歉。

品水大师

因而，品茶大师往往也是品水的大师。

"茶圣"陆羽不仅是评茶高手，对水的品鉴也十分精准。有记载湖州刺史李季卿到维扬（就是今天的扬州）与陆羽相逢。李季卿一向倾慕陆羽，对陆羽说："你善于品茶，天下闻名，这里的扬子江南陵水又特别好，真是非常难得。"于是命令军士拿着水瓶乘船，到江中去取南陵水。陆羽趁军士取水的时间，把各种品茶器具一一放置停当。不一会水送到了。陆羽用木勺在水面一扬说："这水倒是扬子江水，但不是南陵段的，好像是临岸之水。"军士说：

● 水珠晶莹剔透　陈团结/摄

"我乘船深入南陵，有许多人看见，不敢虚报。"陆羽一言不发，端起水瓶，倒去一半水，又用木勺一看，说："这才是南陵水。"军士大惊，急忙认罪说："我自南陵取水回来，到岸边时由于船身晃荡，把水晃出了半瓶，害怕不够用，便用岸边之水加满，不想处士之鉴如此神明。"

陆羽踏遍江南名山大川，江河湖泊，亲自鉴别了各种水质之后，比较系统地提出了结论性判断"其水，用山水上，江水中，井水下"。并把宜于煮茶的泉水划分为20个等级。陆羽品水的主张为后人鉴水用茶提供了一定的科学理论依据，并得到社会各阶层的赞同和效法，自唐代至清几乎一直被人们借鉴沿用。

随之而来，茶人名家，文人学士，权贵达官，纷纷继承陆羽的鉴水之踪，开展了各种水质的追加论证和评选活动。闻龙在《茶笺》就追述："山泉为上，江水次之，如用井水，必取多波者为佳。"杨万里《舟泊吴江》也有诗咏："江湖便是老生涯，佳处何妨且泊家。自汲松江桥下水，垂虹亭上试新茶。"欧阳修《送龙茶与许道人》诗云："我有龙团古苍璧，九龙泉深一百尺。凭君汲井试烹之，不是人间香味色。"同时，进一步指出除了泉水、江水、井水，溪河水、天水、雪水等，用来沏茶也不逊色。许次纾认为："黄河之水，来自天上，澄之即净，香味自发。"文震亨在《长物志》直指天水说："秋水为上，梅水次之。秋水白而冽，梅水白而甘。"辛弃疾也有"细写茶经煮香雪"的诗词等。他们都认为好水与好茶相得益彰。同时进一步丰富和发展了《茶经》的内容与提法。自唐宋以来，对于鉴水用茶虽持有不同的观点和争论，但在品水标准的尺度上，也在实践的探索中逐步得到比较一致的认识，认为品水的标准是取决于水质和水味。

● 陕南，汉水浩浩荡荡　陈团结/摄

水：清、轻、甘、活

宋徽宗赵佶，在他的《大观茶论》中谈及"水以清、轻、甘、洁为美"；王安石则有"水甘茶串香"之诗句。但如此说法，不免笼统，而《茶经》中，陆羽则直接开宗明义十个字："用山水上，江水中，井水下。"煮茶、泡茶之水，就这般简单、明确、清澈，这也是茶之精髓所在。

清甘乃水之自然，独为难得。陆羽提出品水标准基本内容，得到后人普遍的认同。水质要求以清为香甘，以活为贵，以轻为上。水清以山泉为美，要求泉水清鲜净洁。张源《茶录》对各种泉水分析得很透彻，指出："山顶泉清而轻，山下泉轻而重，石中泉清而甘。砂中泉清而冽，土中泉淡而白。流于黄石为佳，泻出青石无用。流动者愈于安静，负阴者胜于向阳，真源无味，真水无香。"为择水用水提供了宝贵的经验。但高濂在《遵生八笺·茶·论泉水》却认为："山厚者泉厚，山奇者泉奇，山清者泉清，山幽者泉幽。"特别强调泉美与自然环境美的吻合关系。这也是通常人们所说的名山对名泉或是名山出名茶的科学道理。

古人为觅得清香甘美的泉水，还特别注重活水，要求泉水有源有流。唐庚在《斗茶记》中指出："水不问江井，要之贵活。"陆羽也认为："其山水，拣乳泉，石池漫流者上，其瀑涌湍漱，勿食之。"陈眉公《试茶》诗中云"泉从石出清更冽，茶自峰生味更圆"等都是对山石流泉的赞美。

强调水质以轻为上，大清皇帝乾隆说得最具体。他特制一个银斗，精量各种泉水，根据水的轻重比例，作为衡量水质的标准依据。从他亲自撰写御制《玉泉山天下第一泉记》确论为"尝以银斗较之，京师玉泉之水，斗重一

清泉石上流　陈团结/摄

两，塞上伊逊之水，亦斗重一两，济南之珍珠泉，斗重一两二厘，扬子江金山泉，斗重一两三厘。则较之玉泉重二厘、三厘矣。至惠山，虎跑，则各重玉泉四厘，诚无过京师玉泉，故定为天下第一泉。"尽管乾隆皇帝带有偏爱或武断，仍为后人择水用茶提供了一定的科学依据。

水味则要求甘和洌，以甘为芳美，以洌为清冷。蔡襄在《茶录》中指出"泉水不甘，能损茶味。"田艺衡《煮泉小品》也认为："味美者曰甘泉，气芳者口香泉。""甘，美也；香，芳也。"王安石有诗云"水甘茶串香"。李中也有"泉美茶香异"的赞美诗句。而水的清冷也重要，田氏又认为"水不寒则性燥而味必音。""但泉不难于清而难于寒，其懒峻流驰而清，岩粤阴积而寒者，亦非佳品"。他们都认为水的甘洌是衡量水味的重要标志之一。于是，他们也讲究雪水、天水的饮用，古称为"天泉"。文震亨又指出："雪为五谷之精，取之烹茶，是为幽况。然新春者土气，稍陈乃佳。"田氏也认为："冰，坚水也，穷谷阴气所聚，不泄则结，一也为伏阴也。在地英明者，惟水则冰，

● 饮茶用水品鉴，好茶好水泡　石永波/摄

● 若用雪水烹茶则别有一番滋味　陈团结/摄

则精而且冷，是固清寒之极也。"说明雪水烹茶之妙处。天水用茶也不逊色，熊明遇在《罗岕茶记》就说："烹茶之水功居大。无泉则用天水，秋水上，梅水次，秋水洌而白，梅水醇而白。"罗廪《茶解》也认为："梅雨如膏，万物赖于滋养，其味独甘。"他们都把天水与泉水相提并论。

以水洗心

其实，我最想说明的是茶道大师们秘而不宣的一条法则：水能洗心。

一个人的心灵其实如同家具、地板、身子一样，久了也会蒙上污垢。当然，这些污垢不是空气中的尘埃，而是沉浸在我们心灵的假、恶、丑，是心灵上那些充满罪恶和阴暗的东西。每个人由于受欲望的支配，因人性中贪、嗔、痴倾向的缘故，加之受时间、环境、地域、社会风气的影响，原来正直、善良、明净的心灵，也会扭曲、变质，由原本的坦荡变的虚伪，由明净变的灰暗，由阳刚变的萎缩，由率直变的浅薄，心不再晶莹剔透。对于这颗受污染的心，我们唯有及时地进行清洗，把污垢去除，才会永远充溢着真、善、美。

这些污垢停留在心中，让我们的心因被充满而嘈杂不堪，我们的人生也为种种烦恼所困扰，正如柏拉图洞穴的比喻所言：人生如被镣铐锁于洞穴中的囚徒，只能在灰暗的光影中摸索，而永不见智慧的光明。人生的镣铐便是不能挣脱的纷纭万象的现象世界、肉欲世界，以及蒙在我们心灵上的种种灰尘。

有些人却只用了一盏茶的时光，就从万象纷纭中走了出来。

一壶用静水煮沸的新茶，在唇齿间回绕，品后有人似觉苦若生命，也淡如清风。茶味清淡质朴，融化了世事与情感。茶有浓淡，有冷暖，却无悲欢。水的色、声、香、味、触，在有无之间；在水的语境里，万象消隐。繁华三千，但最后终归尘埃落定，如同夜幕卸下白日的粉黛装饰，沉静而安宁。光阴弹指而过，当年在意的得失、计较的成败，都成了过眼云烟。

这才是水之真谛：水能洗心。

《周易》中有："圣人以此洗心，退藏于密。"洗心，就是清心之意，心中

● 茶水落于杯中　陈团结/摄

● 享受与茶相伴的时光　陈团结/摄

无一毫私意；退藏，不仅无一毫私意，亦不产生任何欲念。虽然"洗心者，用以洗心中无形之污耳，借以寓警，非真可以泉水洗人心也"。虽然并非真以水洗心，但是洗心之举却于水密切相关，古人言洗心，必以水为喻。《抱朴子》有言："洗心而革面者，必若清波之涤轻尘。""迟尔长江暮，澄清一洗心。"这是孟浩然的诗句。北宋著名易学家邵雍的《洗心吟》写道："人多求洗身，殊不求洗心。洗身去尘垢，洗心去邪淫。尘垢用水洗，邪淫非能淋。必欲去心垢，须弹无弦琴。"为使人们把洗心铭记于心，于是乎，很多亭、台、楼、阁和自然山水都以"洗心"命名。安徽巢湖市有一个洗心泉，久旱不枯，久雨不溢。海南苏公祠，有个洗心轩。上海的东佘山、济南、无锡等地也都有洗心泉。像洗心亭、洗心泉、洗心台、洗心轩、洗心池、洗心岩……可以说不计其数。

也许在以茶道修心者的耳中，茶水落于盅、盏、壶、盘之声，与林泉跌落枯石之声，是同一种声音；茶汤入口，与清洌甘泉之入口，是同一种滋味；一方茶席所创造的世界，与林泉山野的洁净世界，是同样一片幽僻之地。在这样一片境界中，心中的扰攘尘埃，得以涤荡殆尽。

观水者的智慧

水能洗心，在于水之性能打开人们智慧的光明。

水之一性，是无常性。

孔子临川观水，领悟到的便是"无常"。《论语》中载，子在川上曰："逝者如斯夫，不舍昼夜。"据有些史料记载，一日，孔子和老子出游，看到一条小溪，都是一番感慨。老子便说出了这一番话："上善若水，水善利万物而不争。"而孔子说了这样的一句话："逝者如斯夫！"意思是说时间像流水一样不停地流逝，感慨人生世事变换之快。人在直面自然的山川草木、盛衰荣枯的演化时所体验到的生命，是大自然真实而浩荡的生命，大水在一个超乎历史之上的高度奔涌着，这种浩荡的气势，一连串相继逝去的瞬间，无不让人体验到生命的孤弱、渺小、有限和不确定。人和所有的生物一样都是宇宙母体中微不足道的一员，在面对无限和永恒的时候人和其他生物一样束手无策。这是人在遭遇大川之水时的强烈感受，它对人心所造成的冲击是无与伦比的。大水摧毁了世界和人表面的稳定和繁华，也摧毁了生活惯常的意义，它以一往无前的决绝向人昭示出世界的无常性，所以孔子临川而叹"逝者如斯夫，不舍昼夜"，这是生命义无反顾的快速演进，名誉、利禄、耻辱、罪恶等在世俗中所得到的一切都将由大水席卷得无影无踪，毫无疑问，如果找不到一个有力的支撑，人将面临现实感丧失的危险。

如果一切必将消失殆尽，我们在这个世间的一切所为与他人又有什么关系？尽这个世间的所有，又有什么值得苦苦相求？

● 雨中的水滴　陈团结/摄

　　大约与孔子同时代的印度智者佛陀说"一切诸行无常，一切法无我，涅槃寂灭"。这三句佛陀留下的训诫，被称为佛教的"三法印"，世间的一切事物没有一样是永恒的。根据现代科学家研究的结果，就连地球也终归会毁灭。世间的一切，有生、住、异、灭的变化，"生"是它的形成；"住"是保持它的相貌一个时期；"异"是它一直在变化；"灭"是它消灭掉。比如说：你们现在看这块白布，工人在纺织时，称为"生"；它保持相貌一个时期，称为"住"；但是它以后会慢慢变化，称为"异"；最后它会变坏，完全消失，称为"灭"。世间的物质是如此变化无常，我们的身体和生命都有生、老、病、死。我们的心念，刹那间都在生灭。凡是于极短时间内发生变化者，莫如人们的念头。毛发爪甲的代谢，血液淋巴的循环，是片刻不停的。时时刻刻有新细胞的产生，时时刻刻也有老细胞的死亡。10 岁时的我，全然不是 5 岁时的我；30 岁的我，也全然不是 20 岁时的我。所以佛陀说："一见不再见。"庄子云：

"交臂非故。"禅宗称："婴儿垂发白如丝。"这都是无常的注脚。

但佛陀要求我们不要只是谈论无常，而要把它作为工具，以帮助我们了解实相，从而获得解脱的智慧。"无常故苦，苦故无我。"我们也许想说因为事物是无常的，所以才有痛苦。但佛陀却鼓励我们进一步观察一下：没有无常，生命怎么可能产生？没有无常，我们怎么能够转化掉自己的痛苦？没有无常，我们的小女儿怎么能够成长为一个如花似玉的年轻女郎？没有无常，社会状况怎么能改善？为了社会正义和希望，我们需要无常。

无常涤荡一切，把有变成无。

无常因而也剔除掉我们对一切执着的贪欲，把我们从无止境的烦恼中解放出来。如果你很痛苦，那不是因为事物无常，而是因为你错以为事物有恒。一朵花凋谢时，你不会太难过，因为你知道花开易谢，原本无常。但是你却不能够接受你所热爱的人遭受无常，当她去世时，你会悲痛万分。如果你看透事物无常的本质，那么你现在就会尽最大努力使她过得快乐。

领悟到无常的真理，我们会"心止如水"，会变得平和、慈悲和富有智慧。

老子："水几于道"

老子说："水几于道。"

"水几于道"之"水"，恐怕才是品水大师们心意中的"水"。

一方茶桌，即是茶人，或者茶道大师们修道的道场。凡僧者，道者，或非僧非道的隐修者，必然寻一块远离喧嚣的僻静之地，或山野之中，或林泉之侧，以宁心神，以寄心志。茶人修道，却不必远行，在一方茶桌之侧，寂然品茶即是。因而茶桌便是茶人的林泉之地，是他们隐修的僻静之地，水注壶中，便是林泉注于幽泉之中。在这个道场中的洒扫应对，视听言动，无一不是修心悟道的契机。

显然，茶"道"之道，是老子"水几于道"之道。《道德经·八章》中说：

> 上善若水。水善利万物而不争，处众人之所恶，故几于道。居善地，心善渊，与善仁，言善信，政善治，事善能，动善时。夫唯不争，故无尤。

与纯理智的观察和推理的方法相比较而言，"水几于道"是一种比德，老子观水而惊叹：水中之真性与"道"是如此的类似！

老子是古代世界中第一个得道者，他眼中的"道"，可以通过观察水而领悟。"上善若水。水善利万物而不争，处众人之所恶，故几于道。"就是说，最善的人好像水一样。水善于滋润万物而不与万物相争，停留在众人都不喜欢的地方，所以最接近于"道"。这是老子"上善若水"人生哲学的总纲。具体包含有 3 个方面的主要内容。

"善利"。老子认为"水"和"道"的基本特征是善利万物的。为了说明水的善利，在"上善若水章"中列举了7种表现："居善地，心善渊，与善仁，言善信，政善治，事善能，动善时。"在这里，老子把水的品行人性化了，他认为最善的人应该具备7种水德，即居住要像水一样，选择深渊、大谷、海洋这些别人不愿意去的艰苦而低下的地方；心胸，要像大海一样宽阔，沉静而深不可测；待人，要像水善利万物一样的真诚、包容、甘于奉献；说话，要像水善利万物一样诚实而恪守信用；为政，要像水一样清净、廉洁，把国家治理得井井有条；做事，要像水一样，尽自己最大的能力去善利万物；行动，要像"好雨知时节"一样的把握时机。老子认为正因为水有这7种美德，所以最接近他的"道"。这里以水论道，实为以水论人，是老子人生哲学的根本内容。

"不争"。如果说"善利"是水和道的基本特征，那么"不争"就是水和道更高境界的特征。老子的"不争"哲学和他"无为而治"的政治主张有着内在的必然联系，在《道德经》多处谈到这一思想。《道德经》写道："圣人处无为之事，行不言之教。万物作而弗始，生而弗有，为而弗恃，功成而弗居。"第八章中说："夫唯不争，故无尤。"第三十四章中说："万物恃之以生而不辞，功成而不居，衣养万物而不为主。"第八十一章中说："天之道，利而不害；圣人之道，为而不争。"在老子看来，"无为"和"不争"是做圣人的标准。就是说，水善利万物而不争，不张扬自己，不向万物索取回报，圣人应该像水一样，不做妄为之事，用"无为"的态度看待一切，用"不言"的行为引导大众。要任凭万物自然的生长而不加干涉，造福万物而不主宰万物，做了有益的事不要居功，不要去争名、争利。

"处下"。"处下"是"不争"的重要表现。老子在《道德经》中多处论述了"处下"的表现和好处。在第八章中说：水是"处众人之所恶"。第三十二章说："道之在天下，犹川谷之于江海。"第六十六章中说："江海之所以能为百谷之王者，以其善下之，故能为百谷王。"人往高处走，水向低处流，这是常理，所以老子说是"处众人之所恶"。因为水有向低处流这一"处下"的天性，而"水几于道"，说明"水"同"道"一样具有"处下"的特性，像

● 陕南山清水秀　陈团结/摄

● 静水流深　高建群/题　陈团结/摄

江海的水由百川溪谷的汇聚而成一样为万物所依归。江海能为百谷之王，正因为它处下，成为众多河流汇聚的地方。这些就是老子水哲学中"处下"的基本含义。老子认为"处下"为"上德"。在老子看来，"处下"能使人具有"上德"。在二十八章中说："知其雄，守其雌，天下为谿。天下为谿，常德不离……知其荣，守其辱，天下为谷。为天下谷，常德乃足。"四十一章中说："上德为谷。""溪"和"谷"是流水和存水的地方，是低下的地方。老子在这里把"处下"与"守弱""守卑"联系在起来了。老子认为，知道刚强雄壮，而处于雌柔的地位，这就像天下的溪流，德行就永远不会离失，"不废江河万古流"大概也是这个意思。知道什么是荣耀，而安守卑辱的地位，这就好像天下的川谷，德行才能得到充足，所以崇高的德行好像山谷。

　　善利、不争、处下，这是要收敛一切可能造成损害自己与他人的锋芒，这与一般人的处世哲学截然相反。但是，内敛、谦和、除去贪欲和浮华，这符合茶道大师们对品茶精神的期待。

　　"茶和世界"，是东裕人对茶道最深的感悟。收敛锋芒、恪守俭朴、心绪平寂、谦柔和悦，或者说返璞、守静、致和、体道，我们认为这是中国茶道最高、终极的人文精神。守道，"和"与"寂"，至简而精微，这是我们对这片领地坚守如斯的深刻动力。

茶之礼

入静的仪式

　　茶礼不在物而在心，在虔敬的仪式中体味"空寂"之境，真正的茶艺师，是真正的艺术家，他们以环境、陈设和茶道中的视听言动来捕捉不可言说的"道"。

● 茶席　马越川/摄

茶道艺术："道"的寻求

茶道是一种真正的艺术。

艺术的本性在于以表象的东西彰显内在深奥者，以可感的形象去捕捉那终极的不可言说者。这也许是黑格尔"美是理念的感性显现"蹩脚的翻版，不过，若艺术不能追索那终极者，如何能与宗教、哲学齐名？

在茶道艺术中，茶道艺术家完成的是这样一个过程："人在美的关照中，是一种满足、一个完成、一种永恒的存在，这便不仅超越了日常生活中的各种计较、苦恼，同时也即超越了死生。"在"实相"或者"道"中，有限存在者才有可能企及完满，企及永恒和真正的满足。在一个特定的空间里，独享或者分享一碗清茶。在一些比较正式的特定的场合，这碗清茶经过一定的仪式而分享。由茶道大师们倡导的茶道有一整套复杂、严格的礼仪规则，在这个仪式中有关茶道的一切事物，包括沏茶的器皿、喝茶的碗、茶室内壁的布置、茶道仪式的顺序等，都处于同一个整体，在此整体之中，人和物以及周围的空间之间存在一种高度的和谐，共同指向终极的"道"，或者"实相"。

茶道是一种真正的艺术，它以空间的营造和茶道参与者的视听言动来捕捉不可言说的"道"。若非如此，再纯熟的茶艺师、再精美的器具、再悉心制作的精品茶、再唯美的茶室、再精妙的茶艺演示，都会沦为街头艺人的杂耍表演。

融入自然的品茗空间

品茗空间营造了这样一种氛围：让茶道参与者暂时脱离世俗生活、进入"深山幽谷"之中，一面饮茶，一面体会或返璞归真，或禅定三昧的意境。这种闲寂，是迥异于红尘中的名利洪流。

因而中国的茶人对品茗空间的选择，可谓是精益求精。《徐文长秘集》说："品茶宜精舍、宜云林……宜永昼清谈、宜寒宵兀坐、宜松月下、宜花鸟间、宜清流白石、宜绿鲜苍苔、宜素手汲泉、宜红妆扫雪、宜船头吹火、宜竹林飘烟。"而许次纾在《茶疏》一书中，更极尽描画了一幅艺术品茶的蓝图："宜饮，为身心最舒适之时，读书作诗疲乏之时……歌曲终了之时，闭门不问世事之时……深夜共语之时，对明窗净几之时，居深宅阿阁之时，小桥边停画舫之时，望树林茂密或竹林层层之时，闲话花卉小鸟之时，莲花亭中纳凉之时，庭中炫香赏月之时，酒宴终而人散之时，访清幽寺观之时，临名泉怪石之时。"真是一幅时空交织的品饮美景，此般艺术环境，可谓"天趣悉备，可谓尽茶之真味矣"。

中国人一贯讲究生命的节律与大自然运作契合，把闲情逸致都寄托在对自然美的爱慕和追求中。因此，古人常把大自然中的山水景物当作感情的载体；寄情于自然的情景交融，顺应于人与自然的和谐，环境也就成为品茶的重要条件。黄卓越先生在《清茗悠韵》中说古人喝茶讲究环境，犹以野趣为好，"或处林竹之荫，或会泉石之间，或对暮日春阳，或沐清风朗月"。在大自然的气息中，在青山绿水的交相辉映中品茶，更能品出茶之真味、更能体悟超凡脱俗的意境，更能净化人的心灵、高扬人的品格，更能彰显"心"与

"道"的关联。这当然是由茶的自然本性决定的，茶之灵性、茶之魅力、茶之精髓在大自然的怀抱中才能得到最充分的抒发和释放。

中国人的品茗空间，多选在充满自然灵性的地方：

一是林野之地。多为林泉之侧安静空旷处。

二是闲轩。唐代颜真卿、陆士修等《五言月夜啜茶联句》云："素瓷传静夜，芳气清闲轩。"闲轩，是指清闲的小房间。

三是平台。唐代杜甫《重过何氏五首》虽非茶诗，却描绘了品茗场所的状况："落日平台上，春风啜茗时。石栏斜点笔，桐叶坐题诗。"可见，品茗是在有石栏杆的平台。

四是寺院。僧言灵味宜幽寂，寺庙品茗场所是僻静的。

五是道观。道观饮茶的玄幽美。

六是庭院。

七是茶亭。

八是茶舍。富有田园之美。

九是茶屋。元代胡助《茶屋》诗写道："武夷新采绿茸茸，满院春香日正融。浮乳自烹幽谷水，轻烟时扬落花风。醉歌纱帽扃双户，静听松涛起半空。唤醒玉川招陆羽，共排阊阖诉诗穷。"写出了茶屋幽雅的环境。

老子说"道法自然"，道家认为茶的品性蕴含"淡泊宁静""返璞归真"的韵味，茶道的精神追求，是希望创造一个能感受到天、地、人和谐统一的氛围，以获得宁静、平和、淡然的心境，这与山水精神的主张如出一辙。在古代，士大夫想要逃离利欲熏心的现实，回归自然、隐逸山林成为他们"悟道""畅神"的最好方式。

● 素手汲泉，花鸟相伴　陈团结/摄

茶道与山水精神　陈团结/摄

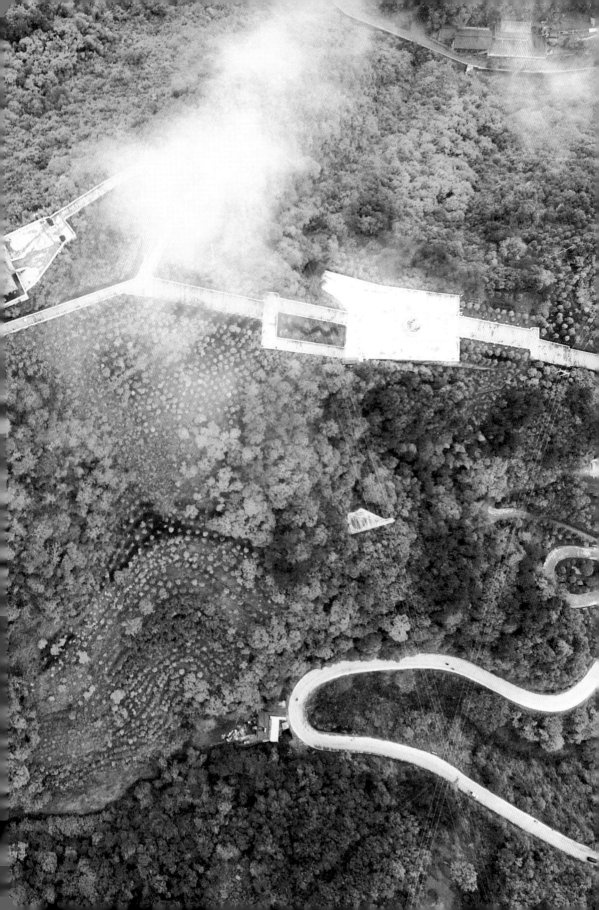

斗方中的宇宙精神

都市生活与富有野趣又适宜品茶的林野之地，相隔着数不清的钢筋水泥丛林和数不清的水泥公路。

一方幽静的茶室倒成了茶人可企及的去处。

人们在处理庸碌琐碎的事务之余，到茶室一方静幽之地，品茶论道，既消除了身体的疲劳，也愉悦了心情，陶冶了情操，茶室成了物质的补给站和精神的避风港，成了人们修身养性、享受生活、感悟人生的世外桃源。

● 东裕茶苑一隅　张为国/摄

茶之性情淡泊、悠闲，近于自然而远于名利荣华，就须有与之相适应的环境。因而茶室与日常生活的空间有所不同。茶室是一种非常特殊的生活空间，它是一个经过人工浓缩的小小宇宙，它独立于尘世之外，在这里，思想会被净化，人与人，人与自然之间的和谐关系将得到回归，对于今天生活在现代大都市，精神时常处于紧张状态的人们来说，这也许是一种较好的解脱。

● 茶室一隅　陈团结/摄

茶室在南北朝已有，又称茶寮，是古代读书、品茶的小屋、小室。唐玄宗时有一位活到 130 岁高龄的和尚，平日煎茶、饮茶的小室便是茶寮。明人最讲风雅，对此也最为精心。徐渭在《徐文长秘集》中谈品茶，首先就指出品茶宜精舍，冯可宾《茶笺》的饮茶十三宜也提到精舍。精舍者，是环境优雅的精致的住所。明代的茶室已成为固定的品茶场所，构建布局往往幽雅清寂，是文人雅士们品茗作诗、与友人聚谈的茶所。屠隆《茶说·茶寮》记载："构一斗室，相傍书斋，内设茶具，教一童子专主茶役，以供长日清谈，寒宵兀坐，幽人首务，不可少废者。""斗室"，就是斗方之小房间。高濂《遵生八笺》则谈到了茶寮中所必备的一些家当："侧室一斗，相傍书斋，内设茶灶一，茶盏六，茶注二，余一以注熟水。茶臼一，拂刷、净布各一，炭箱一，火钳一，火箸一，火扇一，火斗一，可烧香饼。茶盘一，茶橐二，当教童子专主茶役，以供长日清谈，寒宵兀坐。"对茶寮及其设计的考虑可谓用心、细致。

● 茶室一隅　陈团结/摄

　　总的说来，茶室应当是极度简净朴实之地。

　　茶本身就是质朴无华，自然天成。茶室的内部空间应当布置得非常简洁，寥寥几件器物就满足了茶室的功能需要。这里没有器物过多造成的拥堵，没有器具豪华造成的炫目，不需豪华的陈设，不需高档的茶具，不需名贵的茶叶，不需名泉佳水，只要一个干净自在的场所和自然而又清新的空寂之美。陈设必要的品饮器具，加以适当的风物点缀即可。过多的修饰，反而会使茶变得矫情；过多的考究，反而会失去茶特有的醇厚。所以饮茶的环境应以安静、整洁、舒适、清新为主。泡壶茶独自品饮，自省自悟，品茶之神韵，悟茶之神理，使疲惫的身心放松一下，是一个人的乐趣；与家人或三五宾朋坐于一处，一同品饮精心泡制出来的香茗，以茶为媒，温亲情，叙友情，杯茶在手，感觉生命与生活，其乐融融，是人间真情的互动。这便是茶之道、茶之味。一切都适时、适量，顺应天道，不求过多，亦无须过多。茶室的生活天地，引领着一种极简主义的生活方式，一种遵循"减法"、去除繁芜的生活方式，例如去除一些无聊的应酬、不必要的人际交往和多余的工作等。人容易被各种暂时的需要所牵引，迷失在追逐欲望满足的汪洋大海里。

佛教的修行，在于领悟和实践"实相"——"空相"，一切事物乃至整个世界的本质就是"空"，"空中无色，无受想行识"，也"无挂碍""无颠倒梦想"，也无种种烦恼。从这个意义上理解，茶室的美就更有其神圣而玄妙的意义了：茶人在茶室中抛开尘世干扰，对话心灵，寻求生命的解脱。于此，茶室也便有了超然的灵魂。"空寂"可以与"幽寂"接近，但必须与"冷漠"严格区分，事实上茶室所要营造的是一种亲切感和谦和感，所以这种"空"的真正感觉是渗入心魄的禅意美感。这种"空"成全了茶人与自己心灵的交流、与生命的交流，而茶室则成全了这种"空"。

虽然茶室、茶事过程、参与者都局于一定限度之内，但却是要通过有限者去寻求无限者。因而，茶室就是这样一种寸方之地：这个寸方之地中，将要展示的宇宙精神，是茶道所要寻求的无限者——"道"，或者"实相"。

四雅集：品茗、焚香、插花、挂画

茶道艺术，往往和挂画、插花、焚香，相得益彰。

插花：插花就是修剪与搭配。修剪是修去多余枝丫，成就凝练、疏淡、幽远之境；修枝于生命而言，就是一个人修行的历程。搭配之要在自然：依着一花一叶自然生长的状态去插制，无一不是模仿自然将它们重组在容器里另成一景。

焚香：焚香在明神、点境和虔敬。或檀香，或沉香，意在让茶道参与者保持头脑的清明；香的飘缈空灵点明出尘之姿；焚香敬神，也敬"道"或者"实相"。唐代诗僧守安留有名诗："南台静坐一炉香，终日凝然万虑亡。不是

● 焚香　陈团结/摄

● 高山对饮　法青/作　陈团结/摄

息心去妄想，只缘无事可思量。"焚香静坐的时候，是无事可思量的，无事即是无事，而非刻意去"无事"，因此终日凝然而万虑自亡。

更需要说的是在茶室中的点睛之笔：挂画。

对茶人来说，悟"道"的契机，往往像猜哑谜一般艰难。因而，挂画在茶室中的存在，并不限于营造氛围，而往往是要"一语点破"。或者书法，或者绘画，艺术家在他们的作品中领悟到的天机，不仅仅是茶室中小的点缀。在日本，挂轴更是受到异乎寻常的重视，据说日本茶道鼻祖千利休，为了按照理想的尺寸比例挂自己中意的挂轴，不惜重金，按挂轴的尺寸重新改建了茶室。茶道和书画艺术同样兴盛于受中国文化影响的国度，日本、韩国，还有其他一些亚洲国家，在茶室中，挂画一般都选择中国水墨画或者书法字画，这些艺术作品，尤其是大师们的作品，无不通过线条和水墨晕染来表达自己对人生的追求。中国古代哲学，对中国画的审美品格的形成起了主导作用。这些书画的作者们也很少不受中国佛道哲学观念的影响，而追求"空灵""天真""天人合一"的境界，追求人与自然和谐，师法自然。这些艺术大师们通过笔触把他们在大自然中领悟的真谛点化出来；而书法作品则往往选择具有

两碗破孤闷 三碗搜枯肠

己亥冬 而志明

● 高士品茶　巩志明/作

点明心志的至理名言，比如"空""道""道法自然""空即是色"等，以形神兼备的书法艺术表达出来。在茶席之上，茶道参与者通过鉴赏、领悟这些大师们的匠心，而获得领悟"道"或者"实相"的契机。

日本一间茶室中一般只挂一幅挂轴，而在我国可以只挂一幅，也可以挂多幅。当挂多幅字画时，无论是主次搭配，色调照应，还是形式和内容的协调，都要求主人有较高的文学修养和美学修养，否则很容易画蛇添足。我国自古就有"坐卧高堂，而尽泉壑"之说，在茶室张挂字画的风格、技法、内容是表现主人胸怀和素养的一种方式，所以很受重视。茶室之美，美在简素，美在高雅，张挂的字画宜少不宜多，应重点突出。

茶室所挂的字画可分为两大类。一类是相对稳定、长久张挂的，这类书画的内容主要根据茶室的名称、风格及主人的兴趣爱好而定。茶室中的书画若能用主人自己的作品那就再好不过了。茶室主人可能未必精通书画，但随心抒怀，直达胸臆，信手挥毫，把自己的志趣喜好坦然展示出来，这样更加符合中国茶道的精神。另一类是为了突出茶席主题而专门张挂的，也需要根据茶席主题的需要而不断变换。

茶室挂画从内容上分为字与画两大类。从其装裱和尺寸看，可分为中堂、斗方、条幅、扇面、对联、横幅等。其中最重要的是中堂和对联。中国旧式房屋的正厅比较宽敞，正面墙壁中央挂的大幅书画称为中堂。在现代茶室，中堂画挂于茶室主墙面，通常是正对着门的地方，是整个房间的视觉中心，其作品的内容、装裱方式、色彩等都决定着茶室的艺术风格。因此，茶室是否挂中堂，要根据茶室的面积、高度、装修风格，慎之又慎地考虑后再决定。

草庵茶室

最值得细细品味的是日本茶道大师千利休所亲创的草庵茶室。

茶室是为了脱离世俗生活、进入"深山幽谷"之中，一面饮茶，一面体会禅定三昧的意境而设置的。在日本，虽然有过多种类型的茶室，但流行最为广泛的却是草庵风的茶室，后逐渐形成传统，成为日本最有特色的建筑类型之一。此类茶室若是单独建造，则常选取山野之郊，依山傍水而筑，若是在住宅中辟出一隅而建，则多与野趣庭院相结合。但是，不管它是独处乡郊山野，还是设于城市住宅，都是一个完全不同于外部世界的独立世界。茶室地界进口处缚有绳子的界石，成为从日常的外部世界进入这个独立的内部世界的重要标志，茶室旁边一般设有供客人暂作等候的小型凉棚。界石暗示日常的外部世界与非日常的内部世界之间的界限，也划出了内部私密区域的起

● 茶器　陈团结/摄

始范围，在此之外，茶室中的说话声是不可被室外听到。

日本的建筑通常都非常简单，茶室建筑本身也是这样，但其室内的细部设计都是极度用心的，在非常有限的空间中，细节的变化极其丰富而复杂。被称为"隐居之所"或"城市中的山野隐居处"的茶室，是通往"冥想之路"的入门之处。正是在这里，通过简单与复杂的对立统一，试图在虚饰繁杂的城市生活中创造出一片自然的大地。为了模仿深山幽谷的气氛，使茶室能表现出山村茅舍的特点，茶室中所选用的材料都是自然的。用弯曲带有节疤的带皮木柱，带树皮的木板，墙壁则是糊有泥巴的篱笆墙、草顶、纸门，还有不加斧凿的毛石做的踏步或茶炉架，用竹子做的窗棂，用粗糙的芦苇席做隔断等。

从外形看，茶室有以下特征：

一是不对称性；

二是以错位为基础的均衡和协调；

三是多素材主义；

四是反色彩主义；

五是设有壁龛。

茶室的内部装潢看似简单，区区十几平方米，寥寥几件器具，细细研究却是大有文章。无论从哪一个角度看，草庵里没有一处是对称的，哪怕是悬挂挂轴、供奉插花的壁龛，两边的立柱都是一曲一直，甚至还是用不同的木料制成。整个室内素雅、简洁，以壁龛达到装饰与建筑的分离。从这些特征可以看出，茶室没有以传统的柱式结构为基础，没有用可以卸除的门和窗，一改传统的开放的空间为一个幽秘的空间。这些都是茶室的独特之处。

草庵茶室的这种布置首先与千利休的茶道思想吻合。千利休的弟子曾庆南保在《南幌久》中阐述了千利休关于茶道建筑的思想："我一再讲述，只有在简朴粗陋的小屋中，才能领悟茶道的深刻含义，在正规的'大千'礼仪中，一切都必须按照风俗遵守各种规则；但在简陋的小屋中却可以解脱，不讲究技巧方法，远离常规习俗，抛开尘世干扰，进入万事皆空的境界中。"

● 与草庵茶室相比，现代茶室别具特色 张为国/摄

茶道的"视听言动"

与其他艺术相比较而言，茶道是通过全面调动参与者的感官，而努力达到对"道境"的体验。

茶艺中有视觉体验：饮茶环境优雅的布置，家具的陈设，茶艺表演者的形貌气质、手势动作，茶具的颜色、形状等都会带给饮茶者美感体验。成功的茶室布置，往往就是一种昭示：进入这样一个地方，是进入一个与名利场不同的世界，这个世界中需要放下，进入自然和生命的核心。

茶艺中有听觉体验：饮茶时的背景音乐，洗杯、转杯的声音、水从高处冲入茶壶的声音，茶水从茶壶注入茶杯的声音等，虽然音量不大，但在观艺品茗的专注状态之下，这些声音也独具魅力。水声是在茶道中最值得聆听的声音。水、一片茶叶把这斗方之地和城市外的林野山泉联系起来。"仁者乐山，智者乐水"，在水声中领悟无常，领悟自然真境，本是智者们的天生本领。

茶艺中最重要的是有味觉体验，茶汤入口的鲜爽、浓烈、回甘、醇厚使得饮茶者进入茶艺表演的佳境，并且进一步从这种味觉体验中，反思品茶的意义。茶入口的滋味，与腥膻鱼肉不同，味淡而清，与寻常菜蔬也不同，茶味甘苦至简、浓淡之间，值得细细品味。茶味至俭，其中真意，非一般食材或者饮料所能比。

茶艺中有嗅觉和肤觉体验：茶香缥缈不定，变化无穷，有的甜润馥郁，有的清幽淡雅。闻香，是茶艺表演中的必备环节，例如武夷山功夫茶茶艺中，第十道：鉴赏双色，喜闻高香。请客人闻一闻杯底流香，主要是闻茶香的纯度。第十二道：再斟流霞，二探兰芷请。客人第二次闻香，请客人细细地对

● 茶器　李丽/摄

比，看看这清幽、淡雅、甜润、悠远、捉摸不定的茶香是否比单纯的兰花之香更胜一筹。茶艺中的肤觉体验在于饮茶者触摸茶具所体会的质感，紫砂的粗糙抑或是白瓷的细腻，以及手捧热茶时的温暖和玩赏茶杯时的丝丝凉意。

精确到呼吸

　　茶道参与者在茶席中的视听言动之间是否能够体味到修道、悟道的奥妙，或者至少感受到艺术的形式美感，一方面取决于参与者自己的心性修养，一方面与茶道演示者的水平相关。

　　真正的茶艺师，是一位真正的艺术家，他们在泡茶技艺中的每一个环节，环境布置中的每一件小的陈设，每一个动作都倾注对美与"道"的追求。茶道演示者自己须得是一个"茶道"的领悟者和茶道之美的鉴赏家，然后通过上百次的演练、纯熟的手法，在茶道演示的各个动作中表达出来。

　　许次纾的《茶疏》成书于明万历二十五年（1597），其中对于泡茶技艺的各个方面都提出了具体要求，是明代有代表性的茶书。全书 36 篇，内容丰富，包括产茶、古今制法、采摘、炒茶、芥中制法、收藏、置顿、取用、包裹、日用置顿、择水、贮水、舀水、煮水器、火候、烹点、秤量、汤候、瓯注、荡涤、饮啜、洗茶、童子、饮时、宜辍、不宜用、不宜近、出游、权宜、论客、茶所、虎林水、宦节、辩论、考本等。《茶疏》体现的茶艺特色，可以用两个字概括：精细。精，指精致、精当；细，指细心、细微。同样是择茶，他就关照到制法、采摘、茶的管理。而茶的管理，他又注意到收藏、包裹、置顿、取用、日用置顿。同是品环境，他把室外与室内区别开来。对于专门的室内饮茶场所，他的要求是：

　　　　小斋之外，别置茶寮，高燥明爽，勿令闭塞。壁边列置两炉，炉以小雪洞覆之。止开一面，用省灰尘腾散。寮前置一几，以顿茶注、茶盂，为临时供具，别置一几，以顿他器。旁列一架，巾帨悬之，见

用之时，即置房中。斟酌之后，旋加以盖，毋受尘污，使损水力。炭宜远置，勿令近炉，尤宜多办，宿干易炽。炉少去壁，灰宜频扫。总之以慎炎防，此为最急。

这段话的意思是：小书斋之外，另外设置茶寮，离地高一点、干燥、明

亮、清爽，不可使之密闭不通风。墙壁旁边排列放置两个火炉，火炉用小雪洞（炉罩）盖着。仅开一面，用来防止灰尘纷飞散落。茶寮前放置一个几案，以安置茶注、茶盂，作为临时供应的器具，可以另外安放一个几案，以放其他器具。旁边安放一个棚架，将毛巾拭布悬挂在上面，遇到要用的时候，就放在房子里面。茶水注入杯中之后，随即盖上茶杯，以免受到灰尘的污染，伤害到水的品质。炭要放远一点，不要靠近炉子，尤其应该经常注意，茶所干燥容易起火燃烧。炉子稍微离开墙壁，炭灰应该经常扫除。总之，要谨慎防止炭火燃烧起来，这个最为重要。一个小小的茶寮，精细到每一件器物的摆放，卫生状况的考量，甚至防火安全，都有详细的说明，真是呕心沥血，用心良苦，《茶疏》表现的茶艺精致、精细、精美，还体现在其他许多方面。又如，对于饮茶时不适合的环境，他提出有：阴室、厨房、市喧、小儿啼、野性人、童奴相哄、酷热斋舍。而像良友一样的环境，则是：清风明月，纸帐楮衾，竹床石枕，名花琪树。最适合饮茶的时机，他更是指出了 24 种情况：心手闲适，披咏疲倦，意绪纷乱，听歌拍曲，歌罢曲终，杜门避事，鼓琴看画，夜深共语，明窗净几，洞房阿阁，宾主款狎，佳客小姬，访友初归，风日晴和，轻阴微雨，小桥画舫，茂林修竹，课花责鸟，荷亭避暑，小院焚香，酒阑人散，儿辈斋馆，清幽寺观，名泉怪石。

对于茶艺操作，许次纾更是精细到每一个动作和呼吸。对于烹点，他的笔下是：先握茶手中，俟汤既入壶，随手投茶汤，以盖覆定。三呼吸时，次满倾盂内，重投壶内，用以动荡香韵，兼色不沉滞。更三呼吸顷，以定其浮薄，然后泻以供客。则乳嫩清滑，馥郁鼻端。病可令起，疲可令爽，吟坛发其逸思，谈席涤其玄衿。也就是说：烹点时，先把茶握在手中，等到汤注入茶壶后，随手将茶投入汤中，用盖子盖好。在呼吸三次时，全部倒入汤盂之内，再重新投注壶内，用来动摇香气韵味，兼让色泽不要暗沉呆滞。更作三呼吸左右，确定茶汤淡薄，然后倾注茶汤奉给客人。饮之，可令病人痊愈，疲惫的人感到舒爽，诗坛吟诵的人逸兴豪飞，席间高谈的人可以荡涤胸中的郁闷。此外，许次纾特别强调茶的饮啜：一壶之茶，足堪再巡。初巡视鲜美，再则甘醇，三巡意欲尽矣。

茶礼典范：禅院茶礼

佛家有茶禅一味之说，其中之意是：禅中有茶味，茶中有禅意。中国佛教最先推行的禅定大都是四禅八定的如来禅，如来禅是坐禅，讲究安般守意的息法息道，与后来祖师禅的参禅、行住坐卧都是禅是不同的。坐禅需要静虑专注，心一境性，而茶本身具有的"降火、提神、消食、解毒、不发"等药性药效，其功用正好有助于摄心入定，所以茶与禅修结合，乃极自然而必然之事。

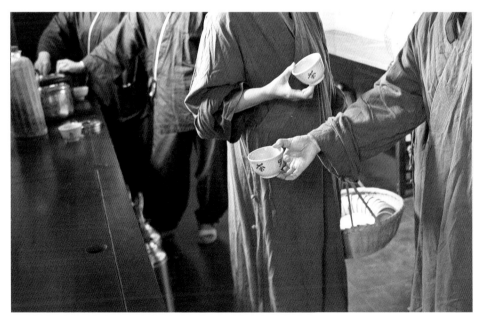

● 禅院里的居士们准备茶礼　陈团结/摄

● 名家题款的茶杯　陈团结/摄

　　茶性俭淡及提神的功效，本是禅茶一味的基础。珠光禅师说："茶道的根本在于清心，这也是禅道的中心。"僧人们从禅茶一味的观念出发，依不同的主题，开发出佛门的茶礼形式，在茶道的每一个环节，都贯注修道的观念，且列举其中的一例：

　　序式一：问茶，我现在为大家点茶，敬请欣赏。

　　序式二：禅定，请大家都沉静下来，轻轻放平双手，调和呼吸，随我的动作做出来。

　　序式三：焚香，请各位都轻轻低下头来，候我焚香。

　　……

　　三鼓入室，烦恼菩提：品茗是一件非常愉悦的事情，不急不缓才合乎禅茶的基本法度，三鼓入室即为悬壶高冲三个来回，利用水的冲力使茶叶在壶内翻滚，起到用开水涤荡茶叶的作用。

　　……

　　见性成佛：为二次冲水，二次冲水不仅要将壶内的开水加满，还要用开水浇淋母壶的外部，这样内外加热，有利于茶香的散发。佛性亦然。

一花五叶，直指人心：我们将子壶中的茶均匀的注入各位的闻香杯中，称其为一花五叶。将品茗杯倒扣于闻香杯上，我们称之为直指人心。

拈花微笑，教外别传：拈花微笑，将右手的拇指和食指将闻香杯提起，从杯沿转动一圈置于掌心，闻取茶香。用右拇指和食指护住杯沿，中指托住杯底，形象地称之为拈花微笑。女士可打开兰花指，这样既优雅又美观；男士则可收回两尾指，这样既端庄又稳重。

品为三口，一杯茶应分三口品下，一品知味，二品知足，三品知感恩，三品之后心生慈悲。

对佛教的僧人们来说，生活的每一个环节，都是修行的道场，因而就修行的需要用修行的理论来定义茶道活动的每一个动作，不免有附会的成分，我们需要把握的是：茶意即是禅意，禅意即是茶意，离开禅意别无茶意。

茶礼典范：千利休的四规七则

相比较而言，日本茶礼则在于彻底地发挥了茶意（性俭、清心）中体现的禅意，而少了附会的成分。

《南方录》中写道："佛之教即茶之本意。汲水、拾薪、烧水、点茶、供佛、施人、自吸、插花焚香，皆为习佛修行之行为。""茶道之秘事在于打碎了山水、草木、茶庵、主客、诸具、法则、规矩的，无一物之念的，无事安心的一片白露地。"

千利休根据他的茶道观念，总结出了"四规七则"的规范。四规指"和、敬、清、寂"，乃茶道之精髓。所谓"七则"，即传说千利休为茶人制定的如下七条茶道法则：茶要点得合口；炭要放得能烧开水；茶花要插得如同开在原野中；做茶事要能使人感到夏凉冬暖；凡事应未雨绸缪；关怀同席的客人；赴约要守时。

这七条茶道的法则，是千利休回答别人提问时给出的答案。据日本茶道圣典《南方录》记载，曾经有人问千利休："茶之汤都有些什么样的秘事？"千利休便做了如上的回答。那个人听了千利休的这番回答后，觉得也没有什么特别可算作秘事的，都是一些理所当然、极其自然的事情，所以非常不服气地说："如果就这点事情的话，那我早就清楚，无须问你了。"于是，千利休回答说："那好吧，现在你就按照我刚讲的那样来招待我吧。如果你做到了这些要求，就让我做你的弟子吧。"当时，在场听到了这番话的紫野大德寺的笑岭和尚评价说："利休的回答是理所当然的。这就如同过去鸟窠禅师对白乐天所讲的'诸恶莫作，众善奉行'一样，不做一切恶事，尽力去做一切善事，

● 月是风雅的，
　茶最堪与月相伴，与花为伍
　芳和/摄

这样的道理虽然连小孩子都懂，但即便是 80 岁的老人，想要完完全全地做到这一点，也实非易事。"

那么，具体怎样做才能达到上述七条法则的要求呢？可以说，日本茶道的点茶方法都是为了训练茶人达到此境地而设的，日常习茶，体味"七则"之境界，禅语中常常提到的"春来草自生""云静日月正""水自茫茫花自红"等境界，就宛如蓝天上的白云，于胸中悠然去来，惬意无限。日本茶道有烦琐的规程，茶叶要碾得精细，茶具要擦得干净，主持人的动作要规范，既要有舞蹈般的节奏感和飘逸感，又要准确到位。茶道品茶很讲究场所，一般均在茶室中进行。接待宾客时，待客人入座后，由主持仪式的茶师按规定动作点炭火、煮开水、冲茶或抹茶，然后依次献给宾客。客人按规定须恭敬地双手接茶，先致谢，尔后三转茶碗，轻品、慢饮、奉还。点茶、煮茶、冲茶、献茶，是茶道仪式的主要部分，需要专门的技术和训练。饮茶完毕，按照习惯，客人要对各种茶具进行鉴赏，赞美一番。最后，客人向主人跪拜告别，主人热情相送。仪式总结如下：

第一，茶室外备有装着清水的脸盆，客人入室前先要洗手漱口，以示清净。

第二，进入茶室后，宾主相互鞠躬，主人称谢光临，客人感谢盛情邀请。

第三，献茶前先上点心（果子），以解茶的苦涩味。有的还要吃丰盛的"怀石料理"和喝酒。

第四，然后，主人开始忙于生火煮水冲茶，客人可以观赏茶室内的书画和插花艺术等。

第五，献茶的礼仪很讲究：茶主人跪着，以齐眉姿式，呈献茶水。宾客则叩头谢茶、接茶，主人亦须叩头答拜、回礼。

第六，待客人品饮完毕，主人便请大家玩赏精美茶具。

第七，仪式结束，客人们就鞠躬告辞，主人复跪坐门侧送客。

这整个过程，即贯彻着千利休的"四归七则"。

茶之道

向俭、和、空寂的回归

　　一个"俭"字，是茶道的真意。茶道不是儒，不是佛，也不是道，只是向俭、和、空寂的回归。

● 枯树与禅院　陈团结/摄

道：无何有之乡

在东方智者们的眼里，道是"终极真理"，中国的老子、孔子称之为道，印度的佛陀称之为真如、实相。

"道"的真理回答一个终极的困惑，这个困惑困扰人的程度从孔子的一个喟叹可以看出来："子曰：朝闻道，夕死可矣！"事实上，只要对人生做深层思考，触及心灵深处，必然会碰到生命存在的共同问题——我是什么？世界是什么？生从何来，死往何去？何为幸福？何为命运？活着为什么？这些也是人类永恒的困惑，如果找不到答案，心灵是无法真正安宁的。

中国智者们对这些问题的回答是"道"。

老子《道德经》一书是最早以"道"为中心所展开的生命哲理诗。"道生一，一生二，二生三，三生万物。"道即道路，是万物所萌生的途径，是本真存在的道路，是内在于各个事物的共同本性，透过一切生物的表面意义而直透生命之本质，透过所有事物的表层现象而深入事物之本原，是一切大道的根本法所在。因此，宇宙间天地万物人世，"道法自然"，各有其道，各循其道，各守其道，这才是最合乎真理同时也最合乎人性的生活。

在老子和庄子那里，道是"无何有之乡"。"道"无从描述，老子用"无"，用"不是什么"来说明关于"道"的一切消息。无名、无形、无声、无为，不可捉摸，不可以用语言来描述，是"无状之状，无物之象"，"无"是根本，"万物生于有，有生于无"。我们不能说老子的"道"是纯粹的"无"，是什么都没有，但是，现象界的一切，世间的一切，毫无疑问都只有相对的、不值得重视的意义，无绝对的存在，是"无"。庄子更进一步把老子的哲学落实为人生哲学，与道相契合的境界是"虚无恬淡寂寞"。

回归于道的工夫，就是减的工夫，在老子那里，是要"为道日损"，"绝圣弃智"，无言守中，致虚守静，寡欲返璞，"为学日益，为道日损，损之又损，以至于无为"。在老子看来，愈是在人们眼睛中宝贵、新奇、绚丽和称心的事物之中，则愈是与人类生活脱离甚远，人类的终生辛苦劳碌和努力奋斗，甚至由人类经验所创造出来的智慧、德行、知识以及进步和繁荣，都远离"道"的本性，都纯属徒劳无益之举，它们除了制造出一些令人头晕目眩的现象，而于真实生命无丝毫助益。在庄子那里，则是游心于"无何有之乡"，保持"恬淡而安静""漠然而清虚""调和而悠闲"的生命状态。就连以"天行健，君子以自强不息"而自许的儒家，也有追求"无心""无情"的一面，理学大家程颢说："夫天地之常，以其心普万物而无心；圣人之常，以其情顺万物而无情。故君子之学，莫若廓然而大公，物来而顺应。"

对有些人来说，为生命的终极疑问而找到可信的道理，活在"终极真理"中，跟活在空气中一样，无法撤销。不能知晓真相而活，"错误地"或者"虚假地"活着，是毫无意义地活着，如同没有活过。

佛陀之道："空"

对有些人来说，首要的事情就是要悟"道"，领悟"真相"。

宇宙人生的真相，或者说"实相"，或者说"道"，到底是什么?佛陀的回答是"实相无相""诸法空相"。

佛教刚刚传入中国的时候，我们把佛陀悟得的终极真理，也称之为"道"，佛教史上最重大的事件，就是佛陀在菩提树下睹明星而"悟道"。

释迦牟尼是净饭王的太子，出家之前尽享世间荣华和尊贵，但他看到无

● 茶室 张为国/摄

法逃避的生老病死之苦，便矢志求道以得人生终极问题的解决。29 岁时，他抛弃了王位和世间的享乐，出家求道 12 年。当时释迦牟尼佛用了各种不同的方法修炼，每一次都是极尽勤苦去学，该下的工夫，他都做到了，但最终他认为那些都不是道，于是自己又到酷寒的雪山上去修苦行，经过 6 年，认为苦行也不是道，只好走出苦修的丛林。后来在恒河边菩提树下打坐，发誓非成无上正等正觉不可，否则便死在那里，数日的冥思之后，最后终于睹明星而悟道。佛陀所悟到的，用三句话来说，就是"诸行无常""诸法无我""涅槃寂静"，这是佛陀学说最权威的总结，佛教称之为"三法印"，是对最终悟道者的印可，"三法印"更可以归结为一实相印："诸法空相"。

"相"就是我们通过各种感觉器官获得的对外界的感受。但众生对外界的感受要受到各种因缘条件的限制，众生对外界都有自己不同的认识，"相"不是绝对的。比如，我们看到树叶是绿色的。但这个绿色是要很多因缘才能显现的。比如，没有光照到叶面上，你就不会看到它是绿色的。所以，树叶本身没有"绿色"这个特征，这个特征只是我们对它的一种感觉而已。同样，我们看一棵小草，觉得它很小。可是如果一只蚂蚁来看，这棵小草就是它眼中的大树。人看到粪便会觉得污秽，屎壳郎看到，会认为是美好的食物。所以事物本身并无好坏美丑长短高下之分。再进一步，各种表象所依托者，包括心灵的各种活动，"色受想行识"，所依托者，本身也不是如众生所执着的那样，有一个实在的中心点，"我"，众相所依的实体。这种种的分别是由众生的执着心产生的。与生俱来的无明（没有智慧，痴愚），让我们把不实在的当作实在，把虚妄的当作真实，把不值得追求的东西作为生活追求的目标，沉沦于"颠倒梦想"之中。其实，"诸法空相"，就连所谓实相也只是一个方便的说法，同属心中妄想而已。

一切归于空寂。

不过并非世间万物真的消失殆尽，只是世间万物对心灵的真正影响消失殆尽，不留一丝痕迹。正如庄子所言游于"无何有之乡"也并非全无一物，若真无物在，行脚何地？佛陀所说的涅槃，是"贪欲永尽，瞋恚永尽，愚痴

● 秦岭，空山不见人　陈团结/摄

永尽，一切烦恼永尽"。是心灵归于空寂，或者连归于"空寂"的心灵都是"空寂"，山任它是山，水任它是水，心无所动，山也只是山，水也只是水。

　　在哲学家们或者学者们那里，道家之道或无，无何有之乡，佛陀之"空"，或者空相，二者不容混淆。但对人的心灵而言，"无何有之乡"和"空寂"之地，究竟有何区别？

茶道之"道"

在茶道大师们那里，"空"和"无"引导他们进入同样一个境地。

"茶道"之"道"，首先是"悟道"之"道"。与"道法自然"之"道"、"佛陀睹明星而悟道"之"道"，孔子"朝闻道，而夕死可矣"之"道"，同样是具有终极意义的"道"，或真理。

有一种解释讲茶道，说得很平实，因而大行其道。他们说道就是方法，技艺，例如：生财有道、医道、棋道、茶道，不用故意讲得那么玄奥。茶道，就是泡茶的技艺，说得再高一点，一种以茶为媒的生活艺术，一种烹茶饮茶的行为艺术，通过沏茶、赏茶、闻茶、饮茶，学习礼法，增进友谊，美心修德。其实说到底，茶道是众多技艺中的一种技艺，包含三个方面，一个是以礼法为中心的仪式，一个是口感为中心的冲泡技艺，一个是以视觉美感为中心的行为艺术。掌握了这三个方面，茶道就"至矣，尽矣，不可以加矣"。正是这种观念把中国的茶道引向了类似于杂耍的层面，只不过这种杂耍有两种类型，一种是在台上各种新奇古怪的茶艺表演，赢得众人的拍掌喝彩；一种是在摆弄得颇有古意的茶台上讲述的各种茶类的冲泡技艺，满足满堂宾客的口腹之欲。

如今嗜茶者们津津乐道的最具有"悟道"深意的，莫过于赵州和尚"吃茶去"的典故。从谂禅师问一位新到的僧人说："你曾到这里来过吗？"来人答道："我曾来过！"从谂禅师对他说："吃茶去！"又问另一位新来的僧人同样的问题，僧人答道："我不曾来过！"从谂禅师对他说："吃茶去！"院主疑惑不解，就问从谂禅师："为什么到过这里和没到过这里的人都要吃茶去呢？"从谂禅师叫："院主！"院主随声答应。从谂禅师说："吃茶去！"于是，对如今嗜茶的人们来说，这是吃茶为悟道契机的一个铁证。可是，赵州和尚的这个禅机，关茶什么事？禅宗要讲，砍柴担水无非妙道，吃饭坐卧无一不是修道，该吃饭时吃饭，不要百般思量，该睡觉时睡觉，不要辗转反侧。"吃茶去"换成"吃饭去"，或者"砍柴去"，或者"睡觉去"，都毫不破坏这个公案的禅机。茶人把这当作"禅""茶"契合无间的典范，用心确实错了地方。这个公案之所以在茶人中间广泛流传，备受推崇，实在是大家根本不知道，"茶道"之"茶"与"茶道"之"道"究竟在什么地方能说到一块去。

茶道之"道"，在时下中国茶道中，杳无踪迹了。

从这种意义上来说，世界推崇日本茶道而非"茶道始祖"的中国茶道，是救了茶道。茶道精神在日本人那里，还保存了一息生命。日本人把"茶圣"陆羽"精行俭德"的观念发挥到了极致，强调"贫困"、空寂，千利休茶道的

● 寒山僧踪　陈团结/摄

● 秦岭古寺　陈团结/摄

佗寂之美，若非昭示"禅寂"或"涅槃"之境，岂能摄人心魄？千利休说："草庵茶的第一要事为：以佛法修行得道。"久松真一说："茶道的第一目的为修炼身心，其修炼身心是茶道文化形成的胎盘。无相的了悟为一种现象显示出来的才是茶道文化。"

茶道之茶并不必然沦为"柴米油盐酱醋茶"之"茶"，茶道之"道"也并不必然沦为杂耍和冲泡技艺，茶道的本性与作为最高真理的"道"相连接。

茶道之"俭"

茶道的第一个本质特征，就是"俭"

茶道精神，"茶圣"陆羽只有四个字，"精行俭德"。精行，包含着一种屏息凝神、一丝不苟、近乎苛刻的虔敬精神，"俭德"则包含的是由奢入俭、去繁就简、返归于俭朴的生命追求。

陆羽在《茶经·一之源》中对于茶的自然生物属性进行介绍后展开对茶的药用功效时写道："茶之为用，味至寒，为饮，最宜精行俭德之人。若热渴、凝闷、脑疼、目涩、四肢烦、百节不舒，聊四五啜，与醍醐、甘露抗衡也。"这里说的"俭"则是形容茶人俭朴的品德，认为只有具备如此品行的人才最适宜饮茶。徐渭在《煎茶七类》一文中，首先讲的就是"人品"，"煎茶虽凝清小雅，然要须其与茶品相得"。他认为，煎茶虽是件微小的雅事，然而茶人的人品要与茶品相匹配才行。茶之所以"为饮，最宜精

● 茶道的第一个本质特征，就是"俭" 马越川/摄

行俭德之人"，《茶经》并无详述，略识其意，概有如下原因：

第一，茶滋味略苦而清淡，本性含蓄内敛。

第二，繁华奢靡，腥膻之味让人昏沉迷乱，与茶所带来的清明之境不相容。

第三，茶叶虽珍贵，然于荒蛮山野中得，本性即具自然的朴性。

第四，茶的价格相对低廉，饮茶是生活俭朴的作风，因此古人常以茶示俭。

关于俭德，最早的文献来源，笔者认为可以追溯到《周易·象传上·否》中的记载："天地不交，否；君子以俭德辟难，不可荣以禄。"本意是时运不佳，作为君子用简朴内敛的德行来避免危难，君子需要约束、隐蔽自己的才华和力量，不可显山露水去追求荣华富贵。其中"俭"字也可解作收敛、约束，此处作为动词，将"德"字解作才华、能力等名词性词语，意在劝诫君子要约束、隐蔽自己的才华和力量避免危险。老子对俭则有究极的论述。他说："吾有三宝，一曰慈，二曰俭，三曰不敢为天下先。"老子的《道德经》还说"见素抱朴，少私寡欲""五色令人目盲，五音令人耳聋，五味令人口爽，驰骋田猎令人心发狂"。认为人应保持着素朴的本性，减少个人的欲望。因为缤纷的物欲世界使人眼花缭乱，靡靡的音乐使人听觉麻木，丰富鲜美的食物使人禁不住嘴馋，纵马打猎行乐使人心性浮躁。欲望过甚，耳目鼻舌等的官能作用就会压倒本心；适当控制欲望则心所受的牵累就会减少，这样一来事物的原貌就会如实地反映在人的心里。人们如果过分沉溺于感官享乐，将会迷失心性；而具有清俭之性的茶，滋味或"淡"或"苦"或"甘"，这清淡得近乎"无味"之"味"被道家推崇为"至味"。而茶本是天地间的清灵之物，待其独有的清香和清味涤净凡尘之后，剩下的便是人性与天性的本质。

"俭"说到底，其实就是老子所说的"返璞归真"，道家所说的修养最高者叫真人。"真"对"伪"而言，伪是众欲纷呈的结果，为了最大限度地实现自己的欲求，而把自己真实面目掩盖起来就是伪。敢于撕开众人和自己的面具，呈现本心的人，都是一定程度上无欲求的人。因而，返璞归真的最根本的要求，就是要"俭"，远离名利荣华。庄子说："法贵天真。"《杂篇·渔夫》中有言："真者，精诚之至也。不精不诚，不能动人，故强哭者虽悲不哀，强怒者虽严不威，强亲者虽笑不和；真悲无声而哀，真怒未发而威，真亲未笑而和；真在内者，神动于外，是所以贵真也。真者，所以受于天也，自然不可易也，故圣人法天贵真，不拘于俗。"庄子认为法天就是法自然，自然是真实的存在，它从不说谎，人要法天，就是要真诚地坦露自身的真性情，真性情的敞开就具有感人的力量，反之则不然，不真不诚则不能动人。

"茶圣"陆羽怀有一颗赤子之心，一生保持着淳朴天真的本色，他一生鄙夷权贵，不重财富，酷爱自然："不羡黄金罍，不羡白玉杯，不羡朝入省，不羡暮登台，千羡万羡西江水，曾向竟陵城下来。"荣华富贵、功名利禄，在他

● 看书品茗　陈团结/摄

看来皆是浮云。他还有一首《四标诗》："夫日月云霞为天标，山川草木为地标。推能归美为德标，居闲趣寂为道标。"认为人若能从一杯清茶中去品味人生，体悟生活，让空灵清净的本真的心境溶入大自然的日月云霞和山川草木之中，去感受与自然合而为一的美，这是一种至高的幸福。正因为陆羽达到了"居闲趣寂"的精神境界，在茶中品出了人生的真谛。在他的心里，有比虚无的功名富贵更重要、更值得追求和珍惜的东西，那就是对于人性自由的执着追求，拥有对自我的充分自主。

中国的文人士大夫们，常常借品茗表达心中对名利的淡泊，对自然人生的兴味，有意识地去除凡尘的附丽，一心追求天然的俭朴之美。中国茶道品茗中的这种兴味，应当一丝不苟地保留在当下的茶道中，作为茶道最根本的精神去发扬。

茶道之"和"

"和"是"俭""减"的必然结果,"和"对"争"而言。

人为什么有纷争?这同样是众欲纷呈的结果,为了最大限度地实现自己的欲求,而把别人的欲求置于不顾甚而侵害就是争。切断争的根源就是要限制"欲望",做减的工夫。安贫乐道者,安于俭朴生活者,必是与世无争者。

茶叶的中和特性很早就被儒家文人们所注意,并将之与儒家的人格思想联系起来。裴汶《茶述》指出茶叶:"其性精清,其味淡洁,其用涤烦,其功致和。参百品而不混,越众饮而独高。"宋徽宗《大观茶论》也说:"茶之为

● 茶道之和,首先在于人与自然之和 马越川/摄

物，擅瓯闽之秀气，钟山川之灵禀。祛襟涤滞，致清导和。冲淡闲洁，韵高致静。"认为大自然所钟爱的茶叶具有中和、恬淡、精清、高雅的品性，深得儒家茶人的欣赏。如北宋文人晁补之在《次韵苏翰林五日扬州石塔寺烹茶》诗中就说："中和似此茗，受水不易节。"比喻苏轼具有中和的品格和气节，如同珍贵的名茶，即使在恶劣的环境中也不会改变自己的节操。中和是儒家的一个极重要的思想，儒家经典著作之一《中庸》第一章解释道："喜怒哀乐之未发，谓之中；发而皆中节，谓之和。中也者，天下之大本也；和也者，天下之达道也。致中和，天地位焉，万物育焉。"意思是心不为各种感情所冲动而偏激，处于自然状态，就是中。感情发泄出来时又能不偏不倚，有理有节，就是和。这是自然界和人类社会的共同规律，能达到这种状态，自然会天地有序，万物欣欣向荣。而和的关键，则在于"制欲"。

"和"意味着天和、地和、人和，意味着宇宙万事万物的有机统一与和谐，并因此产生实现天人合一之后的和谐之美。老子《道德经》说："挫其锐，解其纷，和其光，同其尘。"其方法就是"少私寡欲"。老子在《道德经》第四十二章中把"和"当作宇宙最根本的特征之一："道生一，一生二，二生三，三生万物。万物负阴而抱阳，冲气以为和。"道是先于天地而生的宇宙之原，人类之本，由它衍生万物。万物都具有阴阳两个对立而又统一的特性，发展变化后达到和谐稳定的状态。道家认为人与自然界万物都是阴阳两气相和而生，本为一体，其性必然亲和，所以老子以后的庄子说"圣人法天顺地，不拘于俗，不诱于人，故贵在守和"。"和"在佛学思想中也占有重要地位。佛学强调在处理人际之间的关系时，倡导和诚处世的伦理。劝导世人和睦相处，和诚相爱。无相憎恨，无相仇杀。《无量经》中佛陀就说：父子、兄弟、夫妇，家室内外亲属，当相敬爱，无相憎疾，有无相通，无得贪惜，言色常和，莫相违戾。

茶道之"和"，在于人自我"身""心"之和，在于人与人无争之和，也在于人与大自然之和。

首先是人与自然之和。人以科学技术与大自然的交流，可以说是违背大

落叶有情　陈团结/摄

自然与人的本性的交流，人用涤荡一切的欲望和好奇心与大自然刀兵相接，对大自然无限制地改造和掠夺，而大自然则以狂暴的方式回馈人类：空气污染、水污染、温室效应等。茶是人们保持与大自然亲近关系的最佳途径，在茶之中，双方都收起狂暴而扭曲的面目：在一片茶叶之中，自然保留其淳朴的本色，在茶桌上，则人保留其天真、温和的本性。茶之为物，清灵通透，既有浙闽之地的温婉秀润的文化滋养，又有自然山川的和风软雨的育化。正因如此，才造就了茶的物用清明的独特秉性。老子讲"道法自然"，道家崇尚清静无为，以度虚无淡泊的生涯，于自然恬淡中求得生命的延续与超越。他们在茗饮文化中发现了适合于道家和道教修炼的修身养性之道，认为茶乃契合自然之物，采天地之灵气，长期饮茶则可使人轻身换骨，去除污浊之气，因此把饮茶作为日常清修的辅助手段。这是茶道中人通于自然的铁证。"和"是一种心平气和、心绪和平恬淡、心象万物各归其位的境界。天和地，山和水、头顶的星空，秩序井然，和谐宁谧，"致中和，天地位焉，万物育焉"，在这样一种天人交流的方式中，人和自然各得其本然而安然相处，或者说，人才真正回归大自然。

其次是人与人之和。人与人"不和"，乃是因为为求遂欲而机心相对，锋芒毕露。西方思想家霍布斯说，人对人像狼一样，这是因为人人都求得自己欲求的满足。不过，若在一方茶桌旁坐下，共饮一壶清茶，恐怕机心纷争再无容身之地：粗茶一壶，粗碗一甑，邀三五好友，无论是世外高人，名利场中人，还是山村野夫，一杯仙毫，或一壶红袍；或相对而坐，或围桌而坐；或敛其光辉，或放其狂言；没有对错是非，没有高低贵贱，都因茶而和，因茶而雅，"和其光，同其尘"（《道德经》），"不遣是非而与世俗处"（庄子语），百般机心敛于茶盅，万般纠结"和"于茶盅。不和是因为差异，但有差异才能"和"。和是在于把差异融为一炉，你我立场不同，观点不同，但也并非截然相反。陆羽在《茶经》中对此论述的很明白。惜墨如金的陆羽不惜250个字来描述他设计的风炉。他指出，风炉用铁铸从"金"；放置在地上从"土"；炉中烧的木炭从"木"；木炭燃烧从"火"；风炉上煮的茶汤从"水"。煮茶的过程就是金木水火土相生相克并达到和谐平衡的过程。人与人之和，正是"和而不同"，收敛自己的思想和欲望，对别人的思想和欲望保持开放和宽容的态度，"己所不欲，勿施于人""己欲立而立人，己欲达而达人"，这是一切道德修养的基础。

最后，茶道之和，在于人自我"身""心"之和。人之心向来是一个战场，种种念头纠结、厮杀不止，"人之生也，与忧俱生"，沉沦于烦恼之中，日不成思，寝不成寐，终身不救。茶道在于清心。一位茶人说："茶道本意，在使六根清净。插花，嗅清香，闻水声，品茶味，举止端庄。五根清净之时，意念自然清净，而最终目的在使意念清净。十二时之内我心不离茶道。"在古代，僧人们坐禅时，通常会放一壶茶在身边，以对峙昏沉；现代茶僧们观茶品茶，以茶契道。茶性净洁和润，茶色有无之间，茶味甘苦之间，与无喜怒、无哀乐的冲和心境相契无间。一柱沉香，一盏清茗，心身俱和，此念无著，此心无住。正如唐代名僧皎然在其《饮茶歌诮崔石使君》所吟："一饮涤昏寐，清思朗爽满天地；再饮清我神，忽如飞雨洒轻尘；三饮便得道，何须苦心破烦恼。"

明代朱权在《茶谱》序中就说："予尝举白眼而望青天，汲清泉而烹活火，自谓与天语以扩心志之大，符水火以副内炼之功，得非游心于茶灶，又将有裨于修养之道矣。"摒欲凝神，身心和裕，心与身和，人与人和，人与天和，无不在一方茶桌、一杯清泉、须臾之间得以实现。

● 山中夜色　陈团结/摄

茶道之"寂"

　　"俭"，或者"减"之究极是"寂"。

　　"寂"对"躁""动"而言。

　　俭是减的工夫，减到极致就是"无"，或者"空"，"无何有之乡"，只能是万籁俱寂。"躁""动"往往只与以心求物有关，心神不宁，魂不守舍为躁，是心向外驰求名与物的结果，贪欲越重的人，心越是躁动不安。六根迷于外，五欲扰于内，使心不得澄明，心不得一刻安宁。止息躁的源头，即在于"减"掉五声、五色、五味的执着和贪求。"空"并不是真正的空无一物，宇宙还是为物所充满，但物的存在和价值并不绝对，也就是说，对心而言，物并不绝对实在，心应当不以物为意，不措心于物，心可宁处于"无何有之乡"。这便是"寂"。

《礼记·乐记》中说："人生而静，天之性也，感于物而动，性之欲也；物至知知，然后好恶形焉；好恶，无节于内，知诱于外，不能反躬，天理灭矣；夫物之感人无穷，而人之好恶无节，则是物至而人化物也；人化物也者，灭天理而穷人欲者也。"人性原本是宁静的，接感于外物使得本性动荡，这是内在的欲望所致，外物触动人心，而后形成了喜好与厌恶之情，如果这些喜好与厌恶之情在内心不能得到节制，对外物的诱惑不能抵御，那么人的天性便渐渐泯灭了，由此可知，内心动荡则会使人性动摇，茶人追求的是内心宁静，清净恬淡，超尘脱俗的生活，这种以追求自我精神解脱为核心的适意人生哲学使中国士大夫的审美意趣趋向于清、幽、寒、静（自然适意、不加修饰、浑然天成、平淡幽远的闲适之情），乃是士大夫追求的最高艺术境界。

不能止息内心的"热恼"的人不可能是智慧的人，一切愚鲁而不能见"道"的人都是这种状态。中国道家学派的修炼，全在守静的功夫。老子认

● 茶能静心　陈团结/摄

为：致虚极，守静笃，万物并作，吾以观复。虚则能受，静则能观，只有"致虚""守静"，克去私欲，使心体回复本性的清明寂静，然后能不致为纷杂的外物所扰乱，观察出万物演化归根，最终才能悟道。"虚"形容心灵空明的境况，"静"形容心境原本是空明宁静的状态，只因私欲的躁动与外界的扰乱，而使心灵闭塞不安，所以必须时时做"致虚""守静"的工夫，来恢复心灵的清明。

茶能静心，其基础于茶对人生理的作用。《本草纲目》将茶的记述分为"释名""集解""茶""茶子"四部，对于茶树的生态、各地茶产以及栽培方法等均有记述，其中关于茶的药理作用有着详细的记载："茶苦而寒，阴中之阴，沉也，降也，最能降火，火为百病，火降则上清矣，然火有五，有虚实，若少壮胃健之人，心肺脾胃之火多盛，故与茶相宜。"而三国时期的医学家华佗在《食论》中提出"苦荼久食，益意思"的说法，也认为茶能宁神降火。由此可见，茶能使人身心平和宁静的效用早已被人们所认知。茶的性味至寒，对人的"热渴""凝闷""脑疼""目涩""四肢烦""百节不舒"等都有一定程度的缓解乃至消除的功效，也正是由于茶对人的生理有着一系列特殊作用，使得人的气血顺畅，最终令人的心灵平和宁静。

不过，茶道之静，根本却在于山水、茶室、茶具、茶汤这一切茶道的要素，营造出空灵虚静的整体氛围。茶道之静是简静，茶道性俭，没有凡欲尘想的牵绊，没有俗客的侵扰，单是汲水、舀水、煮茶、斟茶、喝茶这些平凡而简单的行为，当茶的清幽香芬悠然浸润身心时，人便在虚静中变得空明，真切地体会着与大自然相融相乐的愉悦，古往今来，无论是高僧还是雅士，都用"净静之心"来品茶，"净"能纤尘不染，心无杂念；"静"可观万物之变，洞察入微。

"寂"是"静"的另一种说法，且多了一些直感的因素。它所表现的情感既不是那种神圣的崇高，也不是那种奇异的神秘；既不是对生命的慨叹，也不是"触物生情"似的伤感。它是"不以物喜，不以己悲"的禅境，是宁静、幽远、朦胧、恬美的体验，是大自然本身的和谐。

● 云雾柴扉　陈团结/摄

　　禅宗的"物我两忘"与枯淡闲寂有异曲同工之妙。它要求禅者对自然，对人生有一种达观清澈的悟性，不执着于一物的心境，不迷惑于一念的感知。正是基于这种空寂的体悟，日本的禅师们才创造出诸如"只手之声""如何不湿衣，直取海底石"等貌似玄秘实则大彻大悟的公案。只有将有色的大千世界悟至枯淡闲寂，将色视为空，把空还原为色，才会从一只手听到两个巴掌声，不湿衣即可取出海底之石。人若真正体悟到了枯淡闲寂的蕴涵，才会有"石压笋斜出，岸悬花倒生"的化境，唯如此，才能在大自然中独具慧眼地领悟到"枯木倚寒岩""话尽山云海月情"的美感。

　　日本茶人中长期流传着一段有关宗旦以禅论茶，以茶喻禅的故事：据说某日，一位禅僧到宗旦的茶室去参禅品茶，采了一枝白色的山茶花让门人转送主人，以示敬意。不料门人不小心摔了一个跟头，花瓣摔得满地皆是。宗旦闻讯，不慌不忙地收拾了一番。待禅僧被请入茶室时，一眼便看见茶桌上花瓶里插着一枝光秃秃的树枝，而花瓶下整整齐齐地摆放着白色的落英。品茶时，禅僧默默无言，他仿佛看见这片片花瓣比原来自己采摘时更加充满了生气。

　　从这里，茶人体悟到这就是没有伤感的枯淡，这就是物我两忘的空寂。

茶道是"一"道

　　茶道之俭、和、寂，不是三物，只是一物，只是"道"。

　　茶道，书道，隐士修道，或其他的什么道；佛说实相，道说"道生天地"，儒说"一阴一阳谓之道"，都是一"道"，是一而不是"多"，道只是一"道"。

　　俭，或者简、减是求"一"之道，"俭"以消除的方式中求一，"和"是以宽容的方式众中求一，"寂"是万籁归于空寂。两个东西相互碰撞才有声音，不同者相互抵牾才有纷争，身心的追求是二而非一的时候才会有万般烦

● 一把紫砂壶蕴藏着茶道，也蕴藏着人间烟火气　　毛玲/摄

恼，因而要变"二"为"一"。

"一"或者说是至俭，或者说是和，或者说是寂，名异实同。

因而，"昔之得一者：天得一以清，地得一以宁，神得一以灵，谷得一以盈，万物得一以生，侯王得一以为天下正。"（《道德经》）这是道家之"一"。

陕西关中著名的大儒张载，写了一篇《西铭》，其中说："乾称父，坤称母；予兹藐焉，乃混然中处。故天地之塞，吾其体；天地之帅，吾其性。民，吾同胞；物，吾与也。"仁是天与人一体，人与人一体。这是儒家之"一"。和尚们参禅悟道，清心静虑，排除干扰、摒弃杂念，追求"物我两忘""梵我一如"，这是佛陀之"一"。禅寺伽蓝大多选择风景清幽、静谧恬淡的处所；禅僧居士也每每隐居山水之间，去领略"物我合一"的清静无为之心。禅僧们恪守清心寡欲之道，参禅打坐，以清为伴；衣食住行，以淡为本。甚至连禅院法度也名以"清规"。可以说，清"是禅宗空无观最明显的特征之一。与禅境相通的茶道，犹重清静淡雅之风，颇尚淡泊无为之情，茶室的设计，以

● 茶器质朴无华　陈团结/摄

清静为要，不尚浮华，恬淡自然，常令人有脱尘出俗之感。更重要的是，茶道的"清"是形式与内容的统一，使得这种具象的文化式样更为有效地营造出"物我合一"的禅宗化境。千利休把茶道视为"清净无垢的佛陀世界"，《南方录》中说："枯寂茶的本意是表示清净无垢的佛陀世界，至此露地（即茶庭）草庵拂却尘芥，主客直心相交，不拘规矩寸尺法式，乃成起火、沸汤、吃茶之事也。不论他事，此乃佛心之流露也。"

"一"是至高无上的绝对者，唯一者。是这世间唯一可敬畏者。

康德在《实践理性批判》的结尾处说："有两种东西，我们越是经常、越是执着地思考它们，心中越是充满永远新鲜、有增无减的赞叹和敬畏——我们头上的灿烂星空，我们心中的道德法则。"大自然和人的心灵，这两者在哲学层面即为一。

日本茶道讲"敬"，不过似乎不强调讲对那唯一者——实相的敬畏，敬之所及，是茶室中一物、一事、一人。茶人泽庵（1573—1645）在他的《茶亭之记》中写道："设小室于竹荫树下，贮水石、植草木、燃釜、生花、饰茶具，皆是移山川自然之水石于一室，赏四序雪月花草之风，感草木荣落之时，成迎客之礼敬。于釜中闻松风之飒飒，世上之念虑皆忘；于一勺中流出清水涓涓，心中之埃尘尽洗，真可谓人间之仙境。礼之本为敬，其用以和为贵……纵公子贵人来坐，其交淡泊不媚；若夫晚等来临，至敬而不慢。此空中物也，和而不流，久久犹敬矣。"

不过"道"或"实相"（空性）并无拣择，触目是"道"，道是"周""遍""咸"，人人都有佛性（空性），茶席上一人、一物、一事，无不是道的体现者，"实相"的承载者。

对茶道之"道"，这个"一"者，或者"绝对者"，唯一可能的态度就是敬畏如神灵。